普通高等教育"十二五"创新型规划教材·电工电子实验精品系列

电工电子技术
Multisim 仿真实践

刘贵栋　张玉军　主　编

U0223112

哈尔滨工业大学出版社

内 容 简 介

本书共分8章:第1章简要介绍 Multisim 的基本特点和安装方法;第2章主要介绍 Multisim 的基本操作;第3章介绍 Multisim 的仿真,引导初学者入门;第4章介绍 Multisim 的主要仿真分析方法;第5章介绍 Multisim 在电路分析中的应用;第6章介绍 Multisim 在模拟电子电路分析中的应用;第7章介绍 Multisim 在数字电子电路分析中的应用;第8章介绍 Multisim 在电子技术课程设计中的应用。

本书既可作为电工电子技术课程学习的仿真实验教材,又可作为理论学习的辅导教材。

图书在版编目(CIP)数据

电工电子技术 Multisim 仿真实践/刘贵栋,张玉军主编. —哈尔滨:哈尔滨工业大学出版社,2013.8(2022.7 重印)

ISBN 978-7-5603-4186-6

Ⅰ.①电…　Ⅱ.①刘…②张…　Ⅲ.①电子电路-计算机仿真-应用软件-高等学校-教材　Ⅳ.①TN702

中国版本图书馆 CIP 数据核字(2013)第 170011 号

策划编辑　王桂芝　任莹莹
责任编辑　范业婷
出版发行　哈尔滨工业大学出版社
社　　址　哈尔滨市南岗区复华四道街 10 号　邮编 150006
传　　真　0451-86414749
网　　址　http://hitpress.hit.edu.cn
印　　刷　黑龙江艺德印刷有限责任公司
开　　本　787mm×1092mm　1/16　印张 9.75　字数 242 千字
版　　次　2013 年 8 月第 1 版　2022 年 7 月第 4 次印刷
书　　号　ISBN 978-7-5603-4186-6
定　　价　25.00 元

(如因印装质量问题影响阅读,我社负责调换)

普通高等教育"十二五"创新型规划教材

电工电子实验精品系列

编 委 会

主　任　吴建强

顾　问　徐颖琪　梁　宏

编　委　(按姓氏笔画排序)

　　　　尹　明　付光杰　刘大力　苏晓东

　　　　李万臣　宋起超　果　莉　房国志

序

电工、电子技术课程具有理论与实践紧密结合的特点,是工科电类、非电类各专业必修的技术基础课程。电工、电子技术课程的实验教学在整个教学过程中占有非常重要的地位,对培养学生的科学思维方法、提高动手能力、实践创新能力及综合素质等起着非常重要的作用,有着其他教学环节不可替代的作用。

根据《国家中长期教育改革和发展规划纲要(2010~2020)》及《卓越工程师教育培养计划》"全面提高高等教育质量"、"提高人才培养质量"、"提升科学研究水平"、支持学生参与科学研究和强化实践教学环节的指导精神,我国各高校在实验教学改革和实验教学建设等方面也都面临着更大的挑战。如何激发学生的学习兴趣,通过实验、课程设计等多种实践形式夯实理论基础,提高学生对科学实验与研究的兴趣,引导学生积极参与工程实践及各类科技创新活动,已经成为目前各高校实验教学面临的必须加以解决的重要课题。

长期以来实验教材存在各自为政、各校为政的现象,实验教学核心内容不突出,一定程度上阻碍了实验教学水平的提升,对学生实践动手能力的培养提高存有一定的弊端。此次,黑龙江省各高校在省教育厅高等教育处的支持与指导下,为促进黑龙江省电工、电子技术实验教学及实验室管理水平的提高,成立了"黑龙江省高校电工电子实验教学研究会",在黑龙江省各高校实验教师间搭建了一个沟通交流的平台,共享实验教学成果及实验室资源。在研究会的精心策划下,根据国家对应用型人才培养的要求,结合黑龙江省各高校电工、电子技术实验教学的实际情况,组织编写了这套"普通高等教育'十二五'创新型规划教材·电工电子实验精品系列",包括《模拟电子技术实验教程》《数字电子技术实验教程》《电路原理实验教程》《电工学实验教程》《电工电子技术 Multisim 仿真实践》《电子工艺实训指导》《电子电路课程设计与实践》《大学生科技创新实践》。

该系列教材具有以下特色:

1. 强调完整的实验知识体系

系列教材从实验教学知识体系出发统筹规划实验教学内容,做到知识点全面覆盖,杜绝交叉重复。每个实验项目只针对实验内容,不涉及具体实验设备,体现了该系列教材的普适通用性。

2. 突出层次化实践能力的培养

系列教材根据学生认知规律,按必备实验技能—课程设计—科技创新,分层次、分类型统一规划,如《模拟电子技术实验教程》《数字电子技术实验教程》《电工学实验教程》《电路原理实验教程》,主要侧重使学生掌握基本实验技能,然后过渡到验证性、简单的综合设计性实验;而《电子电路课程设计与实践》和《大学生科技创新实践》,重点放在让学生循序渐进掌握比较复杂的较大型系统的设计方法,提高学生动手和参与科技创新的能力。

3. 强调培养学生全面的工程意识和实践能力

系列教材中《电工电子技术 Multisim 仿真实践》指导学生如何利用软件实现理论、仿真、实验相结合，加深学生对基础理论的理解，将设计前置，以提高设计水平；《电子工艺实训指导》中精选了 11 个符合高校实际课程需要的实训项目，使学生通过整机的装配与调试，进一步拓展其专业技能。并且系列教材中针对实验及工程中的常见问题和故障现象，给出了分析解决的思路、必要的提示及排除故障的常见方法，从而帮助学生树立全面的工程意识，提高分析问题、解决问题的实践能力。

4. 共享网络资源，同步提高

随着多媒体技术在实验教学中的广泛应用，实验教学知识也面临着资源共享的问题。该系列教材在编写过程中吸取了各校实验教学资源建设中的成果，同时拥有与之配套的网络共享资源，全方位满足各校实验教学的基本要求和提升需求，达到了资源共享、同步提高的目的。

该系列教材由黑龙江省十几所高校多年从事电工电子理论及实验教学的优秀教师共同编写，是他们长期积累的教学经验、教改成果的全面总结与展示。

我们深信：这套系列教材的出版，对于推动高等学校电工电子实验教学改革、提高学生实践动手及科研创新能力，必将起到重要作用。

教育部高等学校电工电子基础课程教学指导委员会副主任委员
中国高等学校电工学研究会理事长
黑龙江省高校电工电子实验教学研究会理事长
哈尔滨工业大学电气工程及自动化学院教授

2013 年 7 月于哈尔滨

前　言

　　《电工电子技术 Multisim 仿真实践》是在黑龙江省教育厅高教处的统一立项和指导下,在黑龙江省电工电子实验教学研究会的统一组织下,总结黑龙江省各高校多年来的电工电子技术 Multisim 仿真实践教学改革经验,跟踪电工电子技术发展新趋势,并结合以往电工电子系列实验讲义和参阅相关资料的基础上,针对加强学生实践能力和创新能力培养的教学目标编写完成的。本书已荣获黑龙江省高教学会第 21 次优秀教育科研成果二等奖。

　　电工电子技术课程是高等院校工科专业的重要基础课,具有很强的理论性和实践性。理论教学与实验教学的紧密结合,是提高该课程教学质量和学习质量的关键环节。随着电子技术的高速发展,新技术和新方法如雨后春笋,不断涌现,这就要求我们不断改进实验内容、实验方法和实验手段,引入包括 Multisim 在内的 EDA 软件,将计算机仿真技术融入电工电子课程的学习中,让学生充分发挥主观能动性,激发学习兴趣,提高学生的实践和创新能力。Multisim 相对于其他 EDA 软件,提供了万用表、示波器、信号发生器等虚拟仪器,软件的界面直观,易学易用。它的很多功能模仿了 Spice 的设计,分析功能也较强。因此,国内许多大学采用该软件进行教学和实验。

　　本书编写的初衷在于将电工电子技术理论教学与实验环节有机地结合起来,实现理论、仿真、实验相结合,加深学生对基础理论的理解,提高动手能力。因此,本书为了配合电工电子技术基础理论教学编排了相关知识和内容,书中既有基础验证型仿真实验,又有提高设计型仿真实验。本书既可作为电工电子技术课程学习的仿真实验教材,又可作为理论学习的辅导教材。

　　本书共分 8 章:第 1 章简要介绍 Multisim 的基本特点和安装方法;第 2 章主要介绍 Multisim 的基本操作;第 3 章介绍 Multisim 的仿真,引导初学者入门;第 4 章介绍 Multisim 的主要仿真分析方法;第 5 章介绍 Multisim 在电路分析中的应用;第 6 章介绍 Multisim 在模拟电子电路分析中的应用;第 7 章介绍 Multisim 在数字电子电路分析中的应用;第 8 章介绍 Multisim 在电

子技术课程设计中的应用。

全书由刘贵栋、张玉军主编。哈尔滨工业大学刘贵栋编写了第 1、2、6、7、8 章,哈尔滨学院张玉军编写了第 4 和第 5 章,江苏大学武小红编写了第 3 章。本书在编写过程中得到了国家级教学名师——哈尔滨工业大学吴建强教授的鼓励和指导,同时得到了美国国家仪器(NI)公司院校市场部李甫成工程师的帮助,在此,作者一并表示衷心感谢。

对于功能强大的 Multisim 仿真软件,我们仍处于学习、研究阶段。囿于作者水平,书中难免存在疏漏及不妥之处,恳请读者批评指正。

编　者

2015 年 7 月

目 录

第1章 概 述

　　现代电子系统一般由模拟系统、数字系统和微处理系统三大部分组成。随着半导体技术、集成技术和计算机技术的发展,电子系统的设计方法和设计手段发生了很大的变化。特别是EDA(Electronic Design Automation),即电子设计自动化技术的发展和普及给电子系统的设计插上了腾飞的翅膀。EDA 技术中最为瞩目的功能,即最具现代电子设计技术特征的功能是日益强大的逻辑设计仿真测试技术。EDA 仿真测试技术只需通过计算机就能对所设计的电子系统根据其不同层次的性能特点完成一系列准确的测试与仿真操作,在完成实际系统的安装后,还能对系统上的目标器件进行所谓的边界扫描测试。这一切都极大地提高了大规模系统电子设计的自动化程度。

　　Multisim 是 EDA 技术中的优秀仿真软件,它主要完成设计的电路原理图输入、电路仿真和 PLD 设计功能。本书主要介绍 Multisim 在电工电子技术中的应用。

1.1　Multisim 简介

　　Multisim 是 Electronics Workbench(EWB) 的升级版本。加拿大的 Interactive Image Technologies(IIT) 公司早在 20 世纪 80 年代后期就推出了用于电路仿真与设计的 EDA 软件 EWB,目前国内常见的版本有 EWB 5.0。从 EWB 的 6.0 版本开始,仿真设计模块更名为 Multisim,目前的版本是 Multisim 12.0。相对于其他 EDA 软件,Multisim 提供了万用表、示波器、信号发生器等虚拟仪器,软件的界面直观,易学易用。它的很多功能模仿了 Spice 的设计,分析功能也较强。可以毫不夸张地说,Multisim 是迄今为止使用最方便、最直观的仿真软件。这也是国内许多大学采用该软件进行教学和实验的初衷。

　　针对不同用户需要,Multisim 发行了多个版本,分为增强专业版(Power Professional)、专业版(Professional)、个人版(Personal)、教育版(Education)、学生版(Student) 和演示版(Demo)。各版本的功能和价格有明显的差异,目前我国高校主要使用教育版,因此本书将对教育版进行介绍。

　　Multisim 与其他电路仿真软件相比,具有以下几个优点。

　　1. 高度集成的操作界面

　　Multisim 将原理图的创建、电路测试分析结果的图表显示等全部集成到同一个电路窗口中。整个操作界面就像一个实验工作台,有存放仿真元件的元件箱,有存放测试仪表的仪器库,还有进行仿真分析的各种操作命令。

　　2. 丰富的元件库

　　Multisim 主元件库提供了一个庞大的元件模型数据库,并且用户通过新增的元件编辑器

可以建立自己的元件库。

3.类型齐全的仿真功能

在电路窗口中,既可以分别对模拟和数字电路进行仿真,也可以将模拟电路和数字电路连接在一起进行仿真。尤为值得一提的是 Multisim 中的射频(RF)分析功能,它是 Multisim 特有的分析方法,它克服了 Spice 模型在射频时不能准确分析的缺点,从而解决了 Spice 模型对高频仿真不精确的问题。

4.强大的分析功能

Multisim 提供了十几种电路的分析功能,这些分析方法基本能满足一般电子电路的分析设计要求。

5.强大的虚拟仪表功能

Multisim 提供了双踪示波器、逻辑分析仪、波特图仪、数字万用表等十多种虚拟仪器、仪表,操作界面如同在实验室亲手操作仪器一样,虚拟的网络分析仪、逻辑分析仪更是一般实验室不可多得的高档仪器。

6.具有 VHDL/Verilog 的设计和仿真功能

Multisim 基本器件的数学模型基于 Spice3.5 版本,但增加了大量的 VHDL 器件模型,可以仿真更复杂的数字器件。Multisim 包含了 VHDL/Verilog 的设计和仿真功能,使得大规模可编程逻辑器件的设计和仿真与模拟、数字电路的设计和仿真融为一体,突破了可编程逻辑器件无法与普遍电路融为一体仿真的缺陷。

7.提供了多种输入输出接口

Multisim 可以输入由 Spice 等其他电路仿真软件所创建的 Spice 网表文件,并自动形成相应的电路原理图,可以把 Multisim 环境下创建的电路原理图文件输出给 Protel 等常见的 PCB 软件进行印刷电路设计。为了拓宽 Multisim 软件的 PCB 功能,IIT 也推出了自己的 PCB 软件——Ultiboard,可使电路图文件更直接更方便地转换成 PCB。

正因为如此,Multisim 一经推出即受到广大电路设计人员的喜爱,特别是在教育领域得到了更广泛的应用,它是目前教学中使用最多的仿真软件之一。

1.2 Multisim 12.0 的安装

用户在使用 Multisim 12.0 软件之前,必须首先将其安装到自己的计算机上。为了帮助读者正确安装和使用,本节介绍安装 Multisim 12.0 的全过程。

1.2.1 安装环境要求

安装 Multisim 12.0 所需最低配置如下:

① 操作系统:Windows XP/Vista/7;

②CPU:Pentium III;

③ 内存:256 MB;

④ 显示器分辨率:800×600 像素;

⑤ 硬盘:可用空间至少 1 GB。

以下介绍 Multisim 12.0 在 Windows XP 环境下的安装过程。在不同版本的 Windows 操作系统下安装提示信息和过程略有不同,但只要按提示操作即可顺利进行。

1.2.2　安装 Multisim 12.0 程序

Multisim 12.0 按照如下步骤进行安装,安装界面如图 1.1 所示。

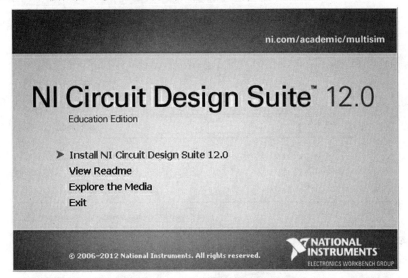

图 1.1　安装界面 1

选择"Install NI Circuit Design Suite 12.0",出现如图 1.2 所示安装界面 2。

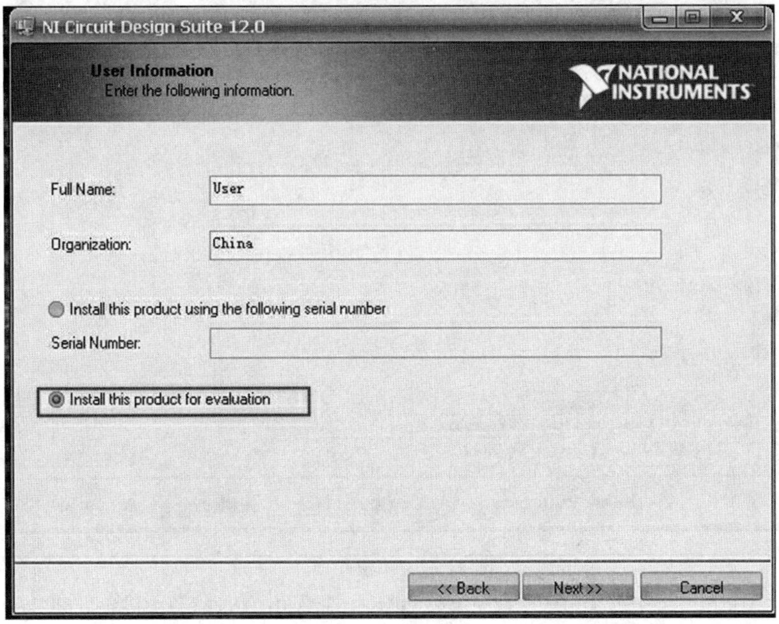

图 1.2　安装界面 2

选择"Install this product for evaluation",点击"Next",出现如图 1.3 所示安装界面 3。

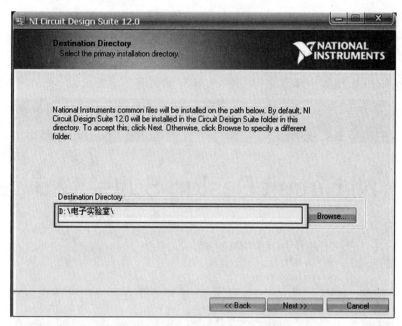

图 1.3 安装界面 3

设置安装目录,点击"Next",出现如图 1.4 所示安装界面 4。

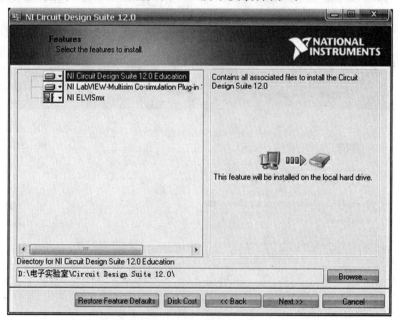

图 1.4 安装界面 4

选择"NI Circuit Design Suite 12.0 Education",点击"Next",出现如图 1.5 所示安装界面 5。

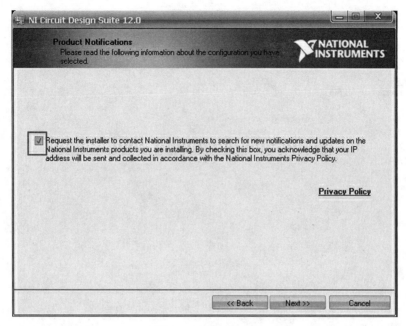

图 1.5　安装界面 5

在小方框内勾选该语句，点击"Next"，出现如图 1.6 所示安装界面 6。

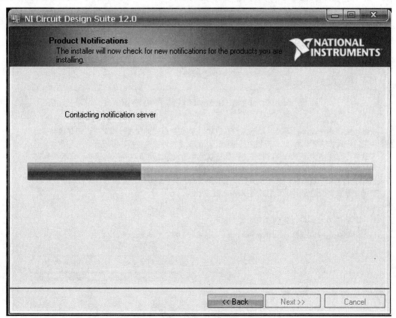

图 1.6　安装界面 6

进程结束后，点击"Next"，出现如图 1.7 所示安装界面 7。

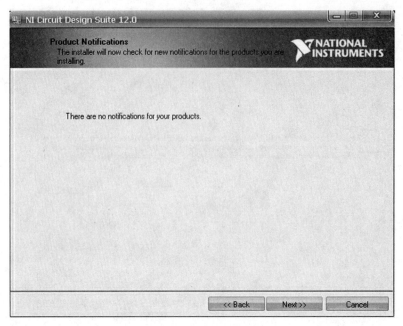

图 1.7　安装界面 7

点击"Next",出现如图 1.8 所示安装界面 8。

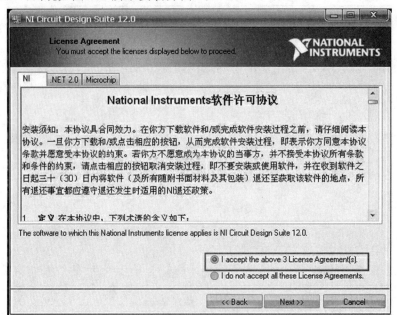

图 1.8　安装界面 8

选择同意协议,点击"Next",出现如图 1.9 所示安装界面 9。

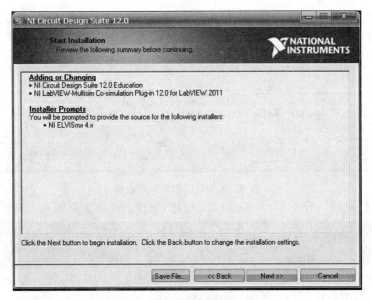

图 1.9　安装界面 9

点击"Next",开始安装软件,安装进程如图 1.10 所示安装界面 10。

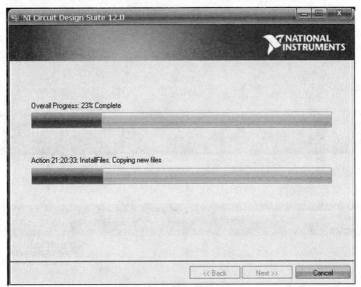

图 1.10　安装界面 10

安装进程结束后,点击"Next",出现 NI 更新服务对话框,如图 1.11 所示。

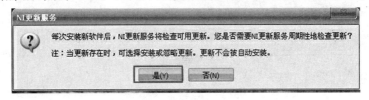

图 1.11　更新服务对话框

选择"是",出现重启计算机对话框,如图 1.12 所示。

图 1.12　重启计算机对话框

重新启动计算机后,打开 Multisim 12.0 程序,软件启动界面如图 1.13 所示。

图 1.13　软件启动界面

第一次启动需要激活软件,界面如图 1.14 所示。

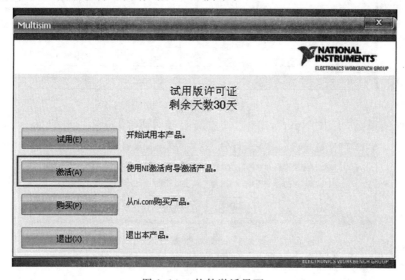

图 1.14　软件激活界面

选择"激活",出现图 1.15 所示界面。选择"通过安全网络连接自动激活",点击"下一步",直至激活完成。

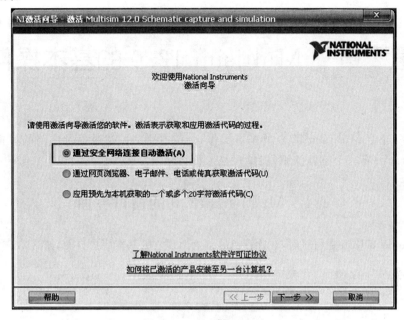

图 1.15　软件激活向导

第 2 章 Multisim 12.0 的基本操作

本章主要介绍 Multisim 12.0 的基本操作，介绍电路的创建过程及电路的模拟仿真，使学习者对 Multisim 有一个感性认识，能够轻松入门。

2.1 Multisim 12.0 的窗口界面

运行 Multisim 12.0 主程序后，在计算机屏幕上出现它的基本用户界面，如图 2.1 所示。

系统工具栏
菜单栏
设计工具栏
使用中元件列表
仿真开关
元件工具栏
仪器工具栏
电路窗口
Design1 - Multisim - [Design1]
File Edit View Place MCU Simulate Transfer Tools Reports Options Window Help
In Use List
Design1

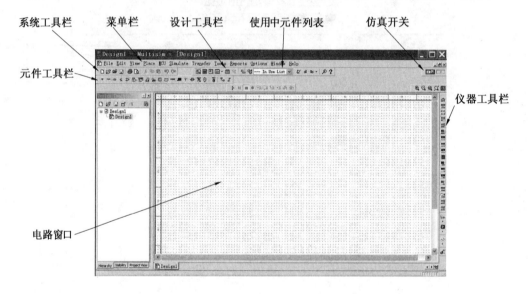

图 2.1 Multisim 用户界面

从图 2.1 中可以看到，Multisim 12.0 的用户界面主要包括以下几个部分：

(1) 菜单栏(Menus)：与所有的 Windows 应用程序类似，可在菜单中找到所有功能的命令，如图 2.2 所示。

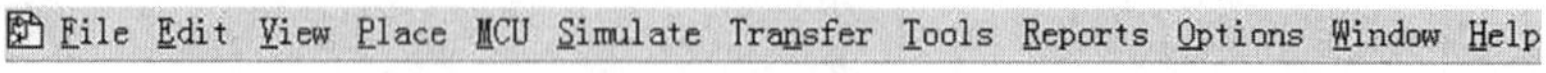

File Edit View Place MCU Simulate Transfer Tools Reports Options Window Help

图 2.2 菜单栏

(2) 系统工具栏(System Toolbar)：与所有的 Windows 应用程序类似，包括文件操作、编辑、打印和缩放等按钮，如图 2.3 所示。

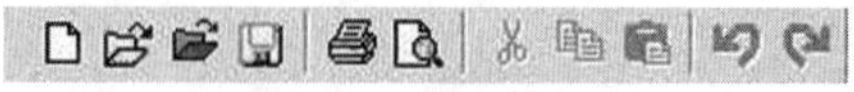

图 2.3 系统工具栏

(3) 设计工具栏(Design Toolbar)：设计是 Multisim 12.0 的核心部分，设计工具栏指导用户按部就班地进行电路的建立、仿真、分析,并最终输出设计数据。虽然菜单中可以执行设计功能,但使用设计工具栏可以更加方便地进行电路设计,如图 2.4 所示。

图 2.4　设计工具栏

(4) 仪器工具栏(Instruments Toolbar):在界面的最右边按列排放,包括多种虚拟仪器。其中大多数为具有基本功能的原理性仪器仪表,但也有安捷伦公司生产的万用表、示波器、函数发生器等虚拟仪器,同时还可以创建 LabVIEW 的自定义仪器,如图 2.5 所示。

(5) 元 件 工 具 栏 (Component Toolbar):分 为 实 际 元 件 库 (Component)和虚拟元件库(Virtual Toolbar),实际元件栏颜色为所设定的界面底色,其中的元件是有封装的真实元件,参数是确定的,不可改变。虚拟元件栏为蓝色,其中元件的参数可随意修改,如图 2.6 所示。

实际元件工具栏包括 18 个元件库,具体如下:

① 电源 / 信号源元件库。

② 基本元件库,如电阻、电容、电感等常用的无源元件。

③ 二极管库,包括各种二极管、稳压管及桥式整流器等。

④ 晶体管库,包括双极型晶体管(BJT)、场效晶体管(FET)。

⑤ 模拟集成元件库,例如运算放大器、电压比较器等。

⑥TTL 数字集成元件库,74 系列集成元件库。

⑦CMOS 数字集成元件库,4000 系列和 74HC 系列集成元件库。

⑧ 混合数字元件库,如 DSP、FPGA、微控制器、微处理器和内存等。

⑨ 模数混合元件库,如 555 定时器、A/D 和 D/A 转换器等。

⑩ 显示器元件库,如 LED、七段显示器等。

⑪ 电源元件库。

⑫ 杂项元件库,如石英晶体、真空管等。

⑬ 高级元件库,如键盘、LCD 等。

⑭ 射频元件库,例如高频晶体管、MOS 管等。

图 2.5　仪器工具栏

⑮ 电动机械元件库,例如变压器等。

⑯NI 元件库。

⑰ 连接元件库。

⑱ 微控制器元件库:如 8051 系列、PIC 系列单片机、RAM 和 ROM 存储器。

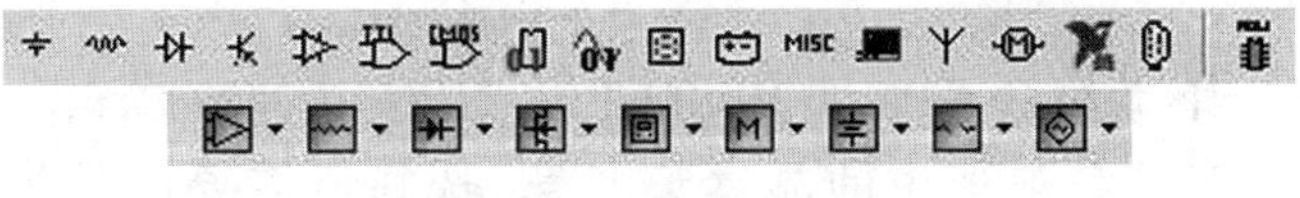

图 2.6　元件工具栏

虚拟元件工具栏包括 9 项,具体如下:

① 模拟 IC 元件库,如运算放大器、电压比较器等。

② 基本元件库,如电阻、电容、电感等常用的无源元件。

③ 二极管类元件库,包括二极管和稳压管。

④ 晶体管类元件库,包括双极型晶体管(BJT)、场效晶体管(FET)等。

⑤ 测量元件库,如各类探头等。

⑥ 混合元件库,如 555 定时器、显示器件等。

⑦ 电源元件库。

⑧ 分级元件库。

⑨ 信号源元件库。

(6)使用中元件列表(In Use List):用下拉菜单列出当前电路窗口正在使用的元件列表。

(7)电路窗口(Circuit Window):进行电路原理图编辑的窗口。

(8)仿真开关(Simulation Switch):在屏幕右上角,是启动/停止/暂停电路仿真的开关。

2.2　操作元件

在元件库中,对于电阻、电容和电感等基本元件存有两种元件模型:实际元件和虚拟元件。本节将介绍如何取用元件,如何为元件连线,引导初学者建立一个简单的电路。

2.2.1　取用实际元件

点击所要取用元件所属的实际元件库,即可拉出该元件库。以 NPN 型晶体管为例,点击实际晶体管类元件库,出现图 2.7 所示的对话框。

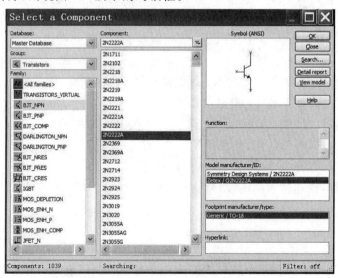

图 2.7　实际晶体管类元件库对话框

点击左边 Family 区块内的 NPN 型晶体管 BJT_NPN,中间的 Component 区块相应列出实际 NPN 型晶体管型号和被选中的晶体管型号,选择所需要的晶体管型号,在 Model Manufacture/ID 区块相应显示出被选中的晶体管制造商代号。点击右边的"View Model"按钮可以显示被选中的晶体管模型参数,点击"Search"按钮可以搜索所需晶体管。

点击"OK"按钮完成元件选择,此时元件即被选出,电路窗口中出现浮动的元件,将该元件拖至合适的位置,点击鼠标左键放置元件。注意,如果选择的是包含多个相同单元的模拟 IC 元件(如 LM324)或者数字 IC 元件(如 74LS00),则在元件出现前还需要选择元件单元。

2.2.2　取用虚拟元件

图 2.8　基本元件库

虚拟元件的元件参数值、元件编号等可由使用者自行定义。点击所要取用元件所属的虚拟元件库,即可拉出该元件库。以电阻为例,点击虚拟基本元件库即可拉出该元件库,如图 2.8 所示,选择右上角的虚拟电阻,即可出现浮动的元件,将该元件拖至合适的位置,点击鼠标左键放置元件。该元件的元件值或元件编号可由用户随时更改。

2.2.3　设置元件属性

每个被取用的元件都有默认的属性,包括元件标号、元件参数值及管脚、显示方式和故障,这些属性可以被重新设置。对于实际元件,用户可以设置元件标号、显示方式和故障,有些实际元件还可以设置元件参数值,但不能设置管脚,如晶体管;而有些实际元件如电阻、电容和电感等则不能重新设置元件参数值及管脚。对于虚拟元件,用户可以随意设置元件标号、元件参数值及管脚、显示方式和故障。

以虚拟电阻为例,双击被选中的虚拟电阻,出现图 2.9 所示的对话框,其中包括 7 个标签页:Label 页、Display 页、Value 页、Fault 页、Pins 页、Variant 页和 User fields 页。

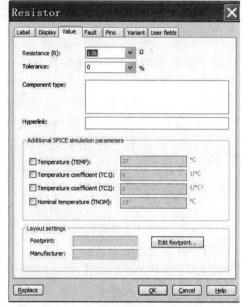

图 2.9　虚拟电阻对话框

1. Label 页

图 2.10 所示为 Label 页,可以设置元件序号和标号。其中 RefDes 项设定该电阻的元件序号,元件序号是元件唯一的识别码,必须设置(由用户或者程序自动设置),且不可重复。Label 项设定该电阻的标号,可以不设置。Attributes 区块可以设定元件属性,如名称等,一般可以不设置。

2. Display 页

图 2.11 所示为 Display 页,可以设置元件显示方式。当"Use sheet visibility settings"被勾选时,仅显示以下信息:

(1)Show labels:显示元件的标号。

(2)Show values:显示元件的元件值。

(3)Show tolerance:显示元件的误差值。

(4)Show RefDes:显示元件的序号。

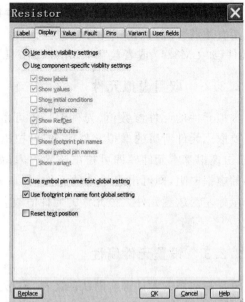

图 2.10　Label 页　　　　　　　　　　　图 2.11　Display 页

(5)Show attributes：显示元件属性。

3. Value 页

Value 页如图 2.9 所示，在 Value 页里可以设置元件的参数值，包括下列 6 项：

(1)Resistance：设定电阻值，在其右边字段中可以指定单位。

(2)Tolerance：设定电阻的误差，误差值为百分比。

(3)Temperature：设定环境温度，温度值单位为 ℃，缺省值为 27 ℃。

(4)Temperature coefficient 1(TC1)：设定电阻的一次温度系数。

(5)Temperature coefficient 2(TC2)：设定电阻的二次温度系数。

(6)Nominal temperature (TNOM)：设定参考的环境温度，缺省值为 27 ℃。

4. Fault 页

图 2.12 所示为 Fault 页，可以设置元件故障方式，其中包括四个选项：

(1)None：设定元件不会有故障发生；

(2)Open：设定元件两端发生开路故障；

(3)Short：设定元件两端发生短路故障；

(4)Leakage：设定元件两端发生漏电流故障，漏电流的大小可在其下面的字段中设定。

当元件被放置后，还可以任意搬移、删除、剪切、复制、旋转和着色。其中剪切、复制、旋转和着色等操作，可通过右击元件后，在出现的弹出式菜单中选择相应的操作命令实现。搬移元件时，需用鼠标指向所要搬移的元件，按住鼠标左键，拖动鼠标使元件到达合适位置后放开左键即可。删除元件时，需点击所要删除的元件，该元件的四个角落将各出现一个小方块，再按键盘上的"Del"键或者启动菜单命令"Edit/delete"即可删除该元件。改变元件的颜色可以用指针指向元件，点击鼠标右键弹出快捷菜单，然后选取"Color"命令，将出现图 2.13 所示的颜色对话框。

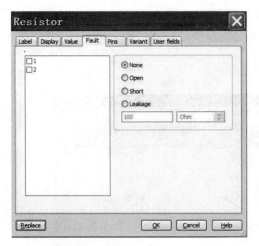

图 2.12　Fault 页

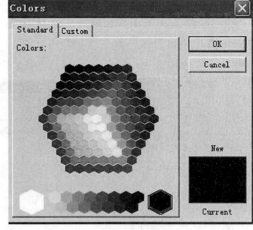

图 2.13　颜色对话框

2.2.4　元件连线

建立电路时元件之间需要连线。在 Multisim 中线路的连接非常方便,一般有如下两种连接方法。

1.元件之间的连接

将鼠标指向所要连线的元件管脚,单击鼠标左键,然后将光标移至目的元件管脚,再单击鼠标左键,程序即自动连接这两点之间的走线。

2.元件与线路的中间连接

从元件引脚开始,指针指向该引脚并点击,然后拖向所要连接的线路上再点击,系统不但自动连接两点,同时在所连接线路的交叉点上自动放置一个节点。

如果两条线只是交叉而过,不会产生连接点,除非放置节点。

2.2.5　创建一个电路

下面以电容充放电为例,介绍一个电路的创建过程,所要创建的电路如图 2.14 所示。

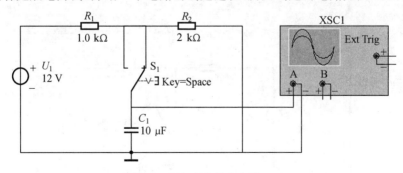

图 2.14　电容充放电电路

创建步骤如下。

1.从元件库中调用所需要元件

(1)选取电阻、电容。从电阻库选取两个电阻,分别为 $R_1 = 1\ \text{k}\Omega$,$R_2 = 2\ \text{k}\Omega$,从电容库中选取一个电容,$C_1 = 10\ \mu\text{F}$。

（2）选取电源元件。在电源库中选择直流电压源和"地"。

（3）选取开关。在基本元件库中选择开关，放置在图中，其参数"Key=Space"意为按下空格键来转换开关状态。

所有元件如图 2.15 所示。

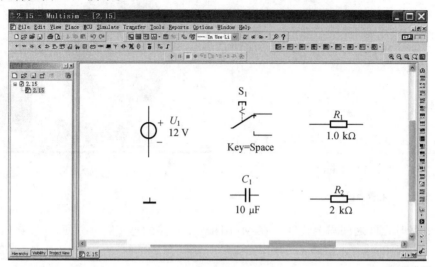

图 2.15　所取元件示意图

2.连接电路

按照图 2.14 连好所有元件和开关。对已连接好的导线轨迹如需调整，可先将指针对准欲调整的导线，点击鼠标左键将其选中，按住左键，拖动线上的小方块或两小方块之间的线段至适当位置后松开即可。为突出某些导线和节点，可对其设置不同的颜色来区分，方法是将指针指向某一导线或节点，点击鼠标右键，出现快捷菜单，选择"Color"命令将打开颜色对话框，选取所需颜色，然后点"OK"按钮即可。若欲删除某些导线和节点，点击鼠标右键，出现快捷菜单，选择"Delete"命令即可。连好的电路如图 2.16 所示。

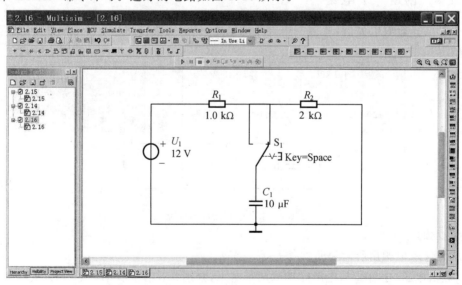

图 2.16　连好的电路图

图 2.16 与图 2.14 不同之处在于：图 2.14 中还放置了虚拟示波器，关于虚拟仪器的使用将在 2.3 节介绍。

2.3　虚拟仪器

Multisim 提供一系列虚拟仪器，用户可以像在实验室中使用真实仪器一样使用这些仪器测试电路。本节主要介绍本书用到的虚拟仪器的使用方法，包括数字万用表、信号发生器、双踪示波器、波特图仪、IV 分析仪、逻辑分析仪等。

虚拟仪器有两种视图：连接于电路的仪器图标和仪器的面板（可以设置仪器的控制和显示选项）。图 2.17(a) 所示为数字万用表的图标，图 2.17(b) 为数字万用表的面板。

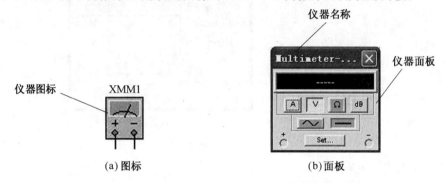

图 2.17　数字万用表

2.3.1　数字万用表

数字万用表是一种常用仪表，可测试电压、电流或电阻等。当启用数字万用表时，可通过启动"Simulate/Instruments/Multimeter"命令，或按仪器工具栏中的"数字万用表"按钮，屏幕将出现如图 2.17 所示的数字万用表图标。其中的"＋"、"－"两个端子用来连接所要测试的端点，如果是测量电压，则与所要测试的端点并联；如果是测量电流，则与所要测试的端点串联；如果是测量电阻，则与所要测试的端点并联。双击图标即可打开数字万用表，如图 2.17 所示。

其中各项说明如下：

(1) $\boxed{A}$：设定为测量电流。

(2) $\boxed{V}$：设定为测量电压。

(3) $\boxed{\Omega}$：设定为测量电阻。

(4) $\boxed{dB}$：设定将测量结果用分贝（dB）表示。

(5) $\boxed{\sim}$：设定所测量的电压或电流是交流电，其测量所得的值是有效值。

(6) $\boxed{-}$：设定所测量的电压或电流是直流电，其测量所得的值是平均值。

(7) $\boxed{Set...}$：设定数字万用表的电气性能指标（例如测量电流时电表的内阻，测量电阻时电表的电流）和测量值的显示范围。

2.3.2　信号发生器

信号发生器是提供指定信号的仪器。启动菜单命令"Simulate/Instruments/Function

generator",或按仪器工具栏中的信号发生器按钮,屏幕将出现如图 2.18(a) 所示的信号发生器图标。其中三个端子("+"、"common"、"−")是用来连接电路的输入端,连接"+"和"common" 端子,输出信号为正极性信号;连接"−"和"common" 端子,输出信号为负极性信号。双击图标即可打开信号发生器的面板,如图 2.18(b) 所示。

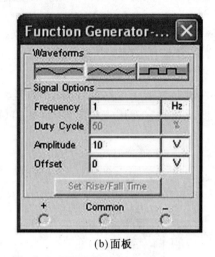

XFG1

(a)图标　　　　　　　(b)面板

图 2.18　信号发生器

其中各项说明如下:

(1) :设定产生正弦波信号。

(2) :设定产生三角波信号。

(3) :设定产生方波信号。

(4)Frequency:设定所要产生的信号的频率。

(5)Duty Cycle:设定所要产生的信号的占空比。本字段只对三角波和方波起作用。

(6)Amplitude:设定所要产生的信号的幅度。

(7)Offset:设定所要产生的信号的直流偏置电压。

2.3.3　示波器

示波器是一种测试电子电路不可或缺的主要仪器。Multisim 12.0 提供双通道示波器和四通道示波器。现以双通道示波器为例说明示波器的应用。启动菜单命令 Simulate / Instruments / Oscilloscope,或按仪表工具栏中的双通道示波器按钮,屏幕将出现如图 2.19(a) 所示的双通道示波器图标。图标下方的两个端子 A 和 B 为两个测试通道的输入端,右边的 Ext Trig 端子是外部触发端子。双击图标即可打开示波器,如图2.19(b) 所示。

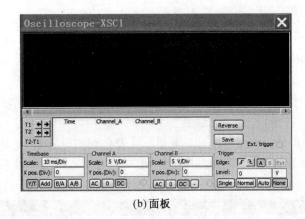

(a) 图板　　　　　　　　　　　　　(b) 面板

图 2.19　示波器

面板的各项说明如下：

(1) 光标区块：光标区块在示波器屏幕的下方，为两个测量光标的数据区块，其中的 T1 字段为第一个光标的位置，T2 字段为第二个光标的位置，T2－T1 字段为两光标间距。Time 对应的数据分别为两个光标位置上的时间值及它们的差值。Channe_A 对应的数据分别为两个光标位置上 A 通道波形的数值及它们的差值；Channe_B 对应的数据分别为两个光标位置上 B 通道波形的数值及它们的差值。

(2) Reverse 按钮：设定显示屏以反色显示。

(3) Save 按钮：储存测试的数据。

(4) 扫描时间区块 Timebase：为水平扫描时间的设定区块。

① Scale：设定每格所代表的扫描时间。

② X pos. (Div)：设定波形的水平扫描起点位置。

③ Y/T 按钮：设定水平扫描为本区块所设定的扫描信号，而垂直扫描信号为所要测量的信号。

④ Add 按钮：设定水平扫描为本区块所设定的扫描信号，而垂直扫描信号为 A、B 两个通道输入信号之和。

⑤ B/A 按钮：设定水平扫描信号为 A 通道的输入信号，而垂直扫描信号为 B 通道的输入信号。

⑥ A/B 按钮：设定水平扫描信号为 B 通道的输入信号，而垂直扫描信号为 A 通道的输入信号。

(5) A 通道区块 Channel A：为 A 通道信号的显示刻度及位置设定。

Scale：设定每格所代表的电压大小。

Y pos. (Div)：设定 A 通道波形的垂直位置。

AC 按钮：设定交流输入信号耦合方式为电容耦合。

0 按钮：设定输入端接地(即输入为 0)。

DC 按钮：设定采集输入信号的直流成分。

(6) B 通道区块 Channel B：为 B 通道信号的显示刻度及位置设定，与 A 通道区块功能相同。

(7) 触发区块 Trigger：为触发设定区块。

①Edge：该选项的两个按钮可以分别设定为上升沿触发或下降沿触发。

②Level：设定触发水平。

③Single 按钮：设定为单一触发。

④Normal 按钮：设定为一般触发。

⑤Auto 按钮：设定为自动触发。

⑥None 按钮：设定为无触发。

下面为 2.2 节的例子连上双通道示波器来观察电容 C_1 上的电压波形。打开存有图 2.16 的文件，选择示波器，拖动到空白位置，由于只需观察一点的波形，所以只连 A 通道即可，将 A 通道的两个端子与电容 C 的两端连接，连好电路如图 2.20 所示。

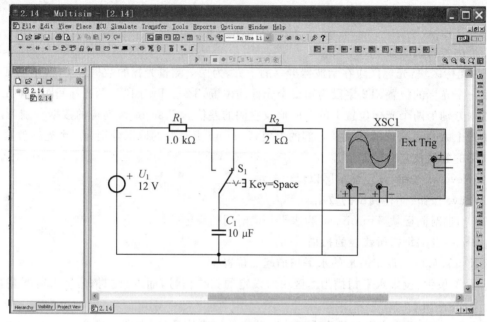

图 2.20 连入示波器的电容充放电电路

电路接完后，此时电路并未工作，按下工作界面的"Run"按钮，电路才开始真正工作。双击示波器，可观察此时无电压波形，因为是充放电过程，需要有换路发生，所以必须调整开关状态才能观察到波形。首先按下"Space"键，可看到充电波形；再按下"Space"键，可看到放电波形，设定显示屏以反色显示，如图 2.21 所示。

2.3.4 波特图仪

波特图仪是一种描绘电路频率响应的仪器，由使用者指定某个范围的频率，波特图仪将输出这个范围

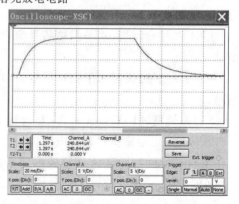

图 2.21 电容充放电波形

的扫描频率到受测电路；同时，波特图仪也接收电路输出端的响应信号，以描绘该电路对不同频率的反应。启动菜单命令"Simulate/Instruments/Bode plotter"，或按仪表工具栏中的波特图仪按钮，屏幕将出现如图 2.22(a) 所示的波特图仪图标。图标中有两对端子，左边一对 IN 端子是输

入端子,用来提供电路输入的扫描信号,所以要连接到电路的输入端;右边一对 OUT 端子是输出端子,用来连接电路的输出信号。双击图标即可开启波特图仪,如图 2.22(b) 所示。

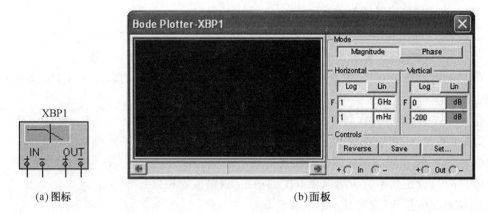

　　(a)图标　　　　　　　　　　　　　　　　　　　　　(b)面板

图 2.22　波特图仪

面板的各项说明如下:

(1)Magnitude 按钮:设定左边显示屏内显示频率与振幅的关系,即幅频特性,如图 2.23所示。

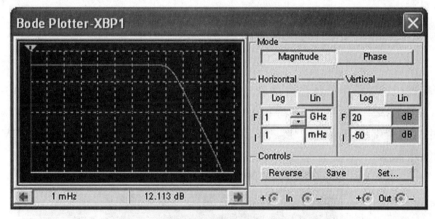

图 2.23　幅频特性的测试

(2)Phase 按钮:设定左边显示屏内显示频率与相位的关系,即相频特性,如图 2.24 所示。

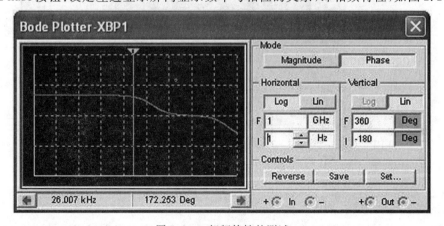

图 2.24　相频特性的测试

（3）Horizontal 区块：设定水平轴（即频率）刻度。

①Log 按钮：采用对数刻度。

②Lin 按钮：采用线性刻度。

③F 字段：设定频率响应图水平轴刻度，即频率的终了值。

④I 字段：设定频率响应图水平轴刻度，即频率的初始值。

（4）Vertical 区块：设定纵轴（即振幅或相位角）刻度。该区块的设置项与 Horizontal 区块相似。

①Log 按钮：采用对数刻度。

②Lin 按钮：采用线性刻度。

③F 字段：设定频率响应图纵轴刻度的终了值（幅值或相位）。

④I 字段：设定频率响应图纵轴刻度的初始值（幅值或相位）。

（5）Reverse 按钮：设定显示屏以反色显示。

（6）Save 按钮：储存测量的结果。

（7）Set 按钮：设定扫描的分辨率。

（8）◀ 按钮：将显示屏内的光标往左移动，光标位置曲线的值将分别显示在显示屏下方的两个字段内。

（9）▶ 按钮：将显示屏内的光标往右移动。

2.3.5　IV 分析仪

IV 分析仪用于分析半导体器件的特性曲线。启动菜单命令"Simulate/Instruments/IV analyzer"，或按仪表工具栏中的 IV 分析仪按钮，屏幕将出现如图 2.25（a）所示的 IV 分析仪图标。图标中有三个端子，分别用于接二极管或晶体管的管脚。双击图标即可开启 IV 分析仪，如图 2.25（b）所示。

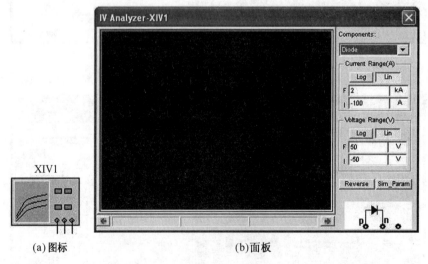

(a)图标　　　　　　　　　　(b)面板

图 2.25　IV 分析仪

面板的各项说明如下：

（1）Components：用下拉菜单方式选择被测元件类型，如二极管、NPN 晶体管、PNP 晶体管、P 沟道 MOS 管、N 沟道 MOS 管。

（2）Current Range(A) 区块：设置 IV 曲线电流刻度及显示范围。

①Log 按钮：采用对数刻度。

②Lin 按钮：采用线性刻度。

③F 字段：设定电流刻度的终了值。

④I 字段：设定电流刻度的初始值。

（3）Voltage Range(V) 区块：设置 IV 曲线电压刻度及显示范围。该区块的设置项与 Current Range(A) 区块相同。

（4）Reverse 按钮：设定显示屏以反色显示。

（5）Sim_Param 按钮：设定仿真参数的起始值、终了值和步长。

从晶体管库中选取 2N2712，电路连接如图 2.26 所示，打开仿真开关，单击 IV 分析仪，可以得到特性曲线，如图 2.27 所示。

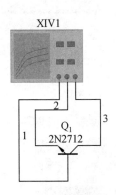

图 2.26　用 IV 分析仪分析晶体管的电路

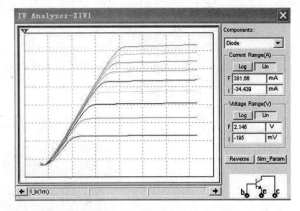

图 2.27　用 IV 分析仪分析晶体管的特性曲线

2.3.6　瓦特表

瓦特表是一种测量电路交、直流功率的仪器，其图标如图 2.28(a) 所示。瓦特表有两组端子：左边两个端子为电压输入端子，与所要测试的电路并联；右边两个端子为电流输入端子，与所要测试的电路串联。双击图标即可开启瓦特表，如图 2.28(b) 所示。

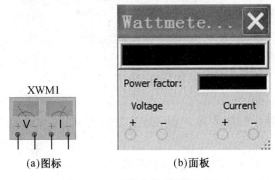

(a)图标　　　　　　(b)面板

图 2.28　瓦特表的图标和面板

瓦特表面板共分两栏，功能如下：

（1）显示栏：显示所测量的功率，该功率是平均功率，单位自动调整。

(2)Powerfactor 栏:显示功率因数,数值在 0 ～ 1 之间。

在图 2.29 中,运行仿真开关,双击瓦特表图标,可得测量结果:平均功率为 2.474 mW,功率因数为 1。

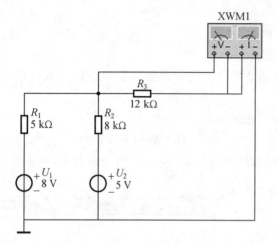

图 2.29 功率和功率因数的测量电路

2.3.7 失真分析仪

失真分析仪是一种测试电路总谐波失真与信噪比的仪器,其图标和面板如图 2.30 所示。

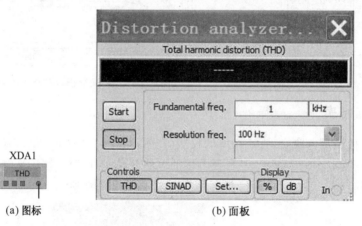

(a) 图标   (b) 面板

图 2.30 失真分析仪

图标中仅有一个端子,连接电路的输出信号。

失真分析仪的面板共分 5 个区,其作用如下:

(1)Total Harmonic Distortion(THD)区:该区用于显示测量总谐波失真的数值,其数值可用百分比表示,也可用分贝数表示,这可通过点击 Display 区中的"％"按钮或"dB"按钮选择。

(2)Fundamental freq. 区:该区用于设置基频。

(3)Controls 区:该区有 3 个按钮,其作用如下:

①THD 按钮:选择测试总谐波失真。

②SINAD 按钮:选取测试信号的信噪比。

③Settings 按钮:设置测试的参数,点击该按钮后出现图 2.31 所示的对话框,对话框中各参数设置如下:

a. THD Definition 区:用于选择总谐波失真的定义方式,包括 IEEE 及 ANSI/IEC 两种定义方式。

b. Harmonic Num. 栏:选取谐波次数。

c. FFT Points:快速傅里叶变换的采样点数。

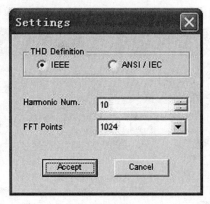

图 2.31　设置测试的参数

(4)Start 和 Stop 按钮区:点击"Start"按钮开始测试;点击"Stop"按钮停止测试,读取测试结果。

2.3.8　字信号发生器

字信号发生器是一个能产生 32 位同步逻辑信号的仪器,其图标和面板如图 2.32 所示。

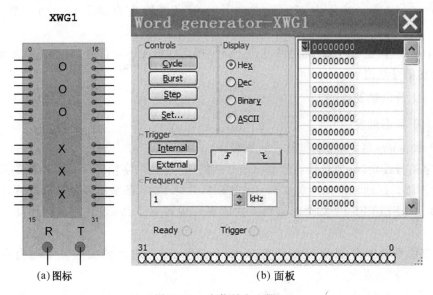

(a)图标　　　　　　　　　　　(b)面板

图 2.32　字信号发生器

字信号发生器图标左边有 0～15 共 16 个端子,图标右边有 16～31 共 16 个端子,这 32 个端子是字信号发生器所产生信号的输出端。下面有 R 及 T 两个端子:R 为数据准备好输出端,T 为外触发信号输入端。

字信号发生器面板共分 6 个区,功能分别如下:

(1)Controls 区:选择字信号发生器的输出方式。

①Cycle 按钮:字信号在设置的地址初始值到终值之间周而复始地以设定频率周期性地输出。

②Burst 按钮:表示字信号从设置地址初始值逐条输出,直到终值时自动停止。

③Step 按钮:表示每点击一次鼠标输入一条字信号。

④Settings 按钮:选择输出模式,点击 Settings 按钮,即可弹出图 2.33 所示的对话框。

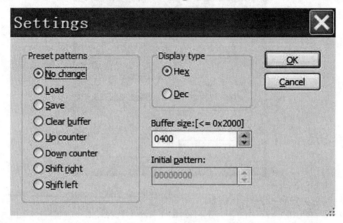

图 2.33　Settings 对话框

(2)Display 区:输出数据的进制选择。可以在 Hex 栏以 16 进制数输出数据,或以 10 进制、二进制及 ASCII 码输出。

(3)Trigger 区:选择触发方式,该区有 4 个按钮,功能如下:

①Internal 按钮:选择内部触发方式。字信号的输出直接受输出方式按钮"Step"、"Burst"、"Cycle"的控制。

②External 按钮:选择外部触发方式。必须接入外触发脉冲信号,只有外触发脉冲信号到来时才启动信号输出。

a. [F]:上升沿触发。

b. [Ł]:下降沿触发。

(4)Frequency 区:设置输出信号的频率。

(5)字信号编辑区:面板最右侧是字信号编辑区,32 位的字信号以 8 位 16 进制形式进行编辑和存放。编辑区地址范围为 0000H ～ 03FFH,共计 1 024 条字信号。可写入的 16 进制数为 00000000 ～ FFFFFFFF。如要求编辑区内的显示内容上下移动,利用鼠标移动滚动条即可实现。

(6)字信号输出区:最下面一行共有 32 个圆圈,以二进制码实时显示输出字信号各位状态。

举例说明,用 74LS138(译码器)和 74LS20(与非门)构成一位全加器。

电路如图 2.34 所示,用字信号发生器输出三位二进制数码作为 74LS138 译码器的地址输入信号 ABC,74LS138 的使能端 G1 接高电平,G2A 和 G2B 接地。双击字信号发生器图标,对面板上的各个选项和参数进行适当设置:

在 Controls 区,点击"Cycle"按钮,选择循环输出方式。点击"Settings"按钮,在弹出的对话框中选择 Up Counter 选项,按逐个加 1 递增的方式进行编码。

在 Trigger 区,点击"Internal"按钮,选择内部触发方式。

在 Frequency 区,设置输出频率为 1 kHz。

运行仿真开关,若探测器发光,则表示结果为"1";若不发光,表示结果为"0"。

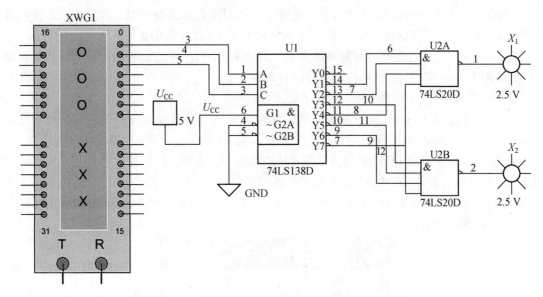

图 2.34　用 74LS138 和 74LS20 构成的一位全加器

2.3.9　逻辑分析仪

逻辑分析仪可以同步记录和显示 16 路逻辑信号,用于对数字逻辑信号进行高速采集和时序分析。其图标和面板如图 2.35 所示。

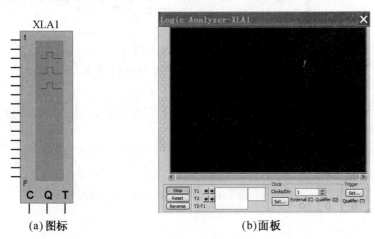

(a) 图标　　　　　　　　(b) 面板

图 2.35　逻辑分析仪

图标的左侧从上至下有 16 个输入信号端口,使用时连接到电路的测量点。图标下部也有 3 个端子,C 是外部时钟的输入端,Q 是时钟控制的输入端,T 是触发控制输入端。

逻辑分析仪面板共分为 5 个区,各区功能分别如下:

(1) 显示区:可以显示 16 路输出波形。

(2) 显示窗下部左边 3 个按钮:点击按钮"Stop",停止仿真;点击按钮"Reset",逻辑分析仪复位并清除波形;点击按钮"Reverse",以反色显示。

(3) T1 和 T2 区:T1 和 T2 分别表示读数指针离开时间基线零点的时间,T2－T1 表示两指针间的时间差。右边的小窗口显示读数指针 1 和 2 位置的 4 位 16 进制数码。

(4) Clock 区:Clocks/Div 设置显示屏上每个水平刻度显示的时钟脉冲数。Set... 按钮设置时钟脉冲。点击该按钮后出现如图 2.36 所示的对话框,其各项功能如下:

①Clock source 区:选择时钟脉冲的来源。若选取"External" 选项,则由外部取得时钟脉冲;若选取"Internal" 选项,则由内部取得时钟脉冲。

②Clock rate 区:选择时钟脉冲的频率。

③Sampling setting 区:设置采样方式。其中,Pre-trigger samples 栏设定前沿触发取样数,Post-trigger samples 栏设定后沿触发取样数,Threshold volt.(V) 栏设定门限电压。

④Clock qualifier 区:时钟限制。下拉菜单中共有 3 个选项。该位置设为 1,表示时钟控制输入为"1" 时开放时钟,逻辑分析仪可以进行波形采集;该位置设为"0",表示时钟控制输入为"0" 时开放时钟;该位置设为 X,表示时钟控制一直开放,不受时钟控制输入限制。该栏只与 External 选项配合使用。

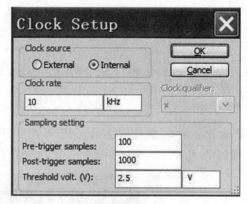

图 2.36　Clock setup 对话框

(5) Trigger 区:设置触发方式。点击"Settings" 按钮后出现图 2.37 所示的对话框,其各项功能如下:

①Trigger clock edge 区:设定触发方式。选项 Positive 为上升沿触发,选项 Negative 为下降沿触发,选项 Both 为上升、下降沿都触发。

②Trigger qualifier 区:选择触发限定字。包括"0"、"1" 及"X" 等 3 个选项。

③Trigger patterns 区:设置触发的样本。可以在 Pattern A、Pattern B、Pattern C 栏中设定触发样本,也可以在 Trigger combinations 栏中选择组合的触发样本。

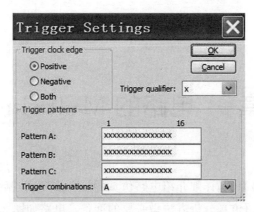

图 2.37　Trigger Settings 对话框

　　举例说明,JK 触发器电路如图 2.38 所示,若设置 J、K 及 CLR 接"1",然后给 CLK 端输入频率为 1 kHz 的方波信号。双击逻辑分析仪图标,即可得到输入、输出波形,如图 2.39 所示。

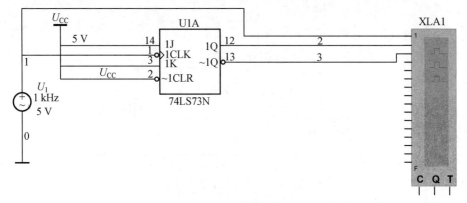

图 2.38　JK 触发器电路

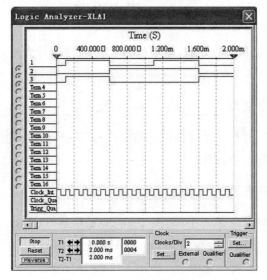

图 2.39　JK 触发器仿真波形

第3章 电路的 Multisim 仿真

本章以一个具体电路为例,详细介绍电路仿真的基本步骤,包括如何建立电路、如何测量电路等,同时为第4章介绍仿真分析方法做必要的准备。电路如图 3.1 所示,此电路为单管基本放大电路,其中晶体管采用 2N2222A,电阻、电容如图所示。

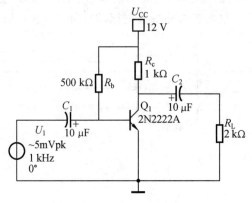

图 3.1 单管基本放大电路

3.1 建立电路

前面已经介绍了建立电路的方法,本节针对具体电路进行介绍,有助于加深学习者的印象。具体步骤如下。

3.1.1 建立电路文件

运行 Multisim 12.0,打开一个空白的电路文件,便可开始建立电路文件。电路的颜色、尺寸和显示模式可以按用户喜好设置。

3.1.2 定制用户界面

根据需要改变用户界面设置。在本例中,选择菜单命令"Options/Global preferences"进行用户喜好缺省设置,选择菜单命令"Options/Global preferences/Components/DIN",设定元件符号采用欧洲标准。

3.1.3 在电路窗口中放置元件

依照 2.2 节所描述的方法,从元件库中取出所需的所有元件放到合适的位置。图中元件只是按照图 3.1 所示电路中的元件类型和数量取出放置,元件属性及所放置的位置和方向还有待修改。

3.1.4　修改元件属性

依照 2.2 节所描述的设置元件属性的方法,并参照图 3.1,分别修改信号源、直流电压源、电阻和电容的属性,包括元件值和序号。

3.1.5　编辑元件

图 3.1 中,电阻 R_b、R_c、R_L 的方向需要垂直放置,可旋转这些元件。

3.1.6　连接线路与自动放置节点

参照 2.2 节中所描述的元件连线的方法连接线路。如果需要从某一引脚连接到某一条线的中间,则只需要用鼠标左键点击该引脚,然后移动鼠标到所要连线的位置再点击鼠标左键。Multisim 不但自动连接这两点,同时在所连接线条的中间自动放置一个节点。

除了上述情况外,对于交叉而过的两条线不会产生节点。但是如果想要让交叉线相连接的话,可在交叉点上放置一个节点。启动菜单命令"Edit/Place Junction",用鼠标左键点击所要放置节点的位置,即可于该处放置一个节点。如果要删除节点,则右击所要删除的节点,在弹出式菜单中选择"Delete"项即可(注意,删除节点会将与其相关的连线一起删除)。

3.1.7　给电路增加文本

当需要在电路图中放置文字说明时,可启动菜单命令"Place/Text",然后用鼠标点击所要放置文字的位置,即可于该处放置一个文字插入块。紧接着输入所要放置的文字,输入完成后,点击此文字块以外的地方,文字即被放置。被放置的文字块可以任意搬移,具体做法是:指向该文字块,按住鼠标左键,再移动鼠标,移至目的地后,放开左键即可完成搬移。另外,如果要删除此文字块,则单击此文字块后,按键盘上的"Del"键即可删除之。如果要改变文字的颜色,则右击该文字块,在快捷菜单中选取"Color"命令选取所要采用的颜色。

3.2　仿真测量电路

采用 2.3 节介绍的几种常用虚拟仪器测量电路的参数。

3.2.1　用数字万用表测量静态工作点

利用数字万用表的直流电压和直流电流挡可以测量静态工作点:I_{BQ}、I_{CQ}、U_{BEQ}、U_{CEQ}。

1. 测量 I_{BQ} 和 I_{CQ}

(1) 取数字万用表:单击虚拟仪器工具栏的数字万用表按钮,移动鼠标至电路窗口中合适的位置,然后单击鼠标,数字万用表图标出现在电路窗口中。用此方法取出两个数字万用表 XMM1 和 XMM2,分别放置到 R_b 和 R_c 所在支路旁边。

(2) 给仪表连线:删除电路中适当的连线,将 XMM1 串联到 R_b 所在支路中,将 XMM2 串

联到 R_c 所在支路中,如图 3.2 所示。

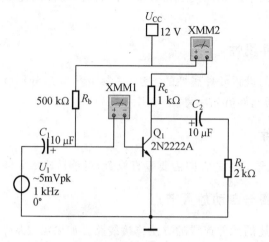

图 3.2 增加数字万用表

(3)设置仪表:分别双击 XMM1 和 XMM2 图标,打开数字万用表,并将它们移至合适位置,依照 2.3.1 节所描述的方法将数字万用表的测量方式设置为测量直流电流,如图 3.3 所示。

(4)仿真测量:打开仿真开关,数字万用表即可显示出测量的 I_{BQ} 和 I_{CQ}。

应当指出,在实测电子电路某一支路的电流时,应通过测量该支路某电阻两端电位及其阻值,计算得出电流。可见,仿真测量与实际测量是有区别的,学习时应特别注意这种区别。

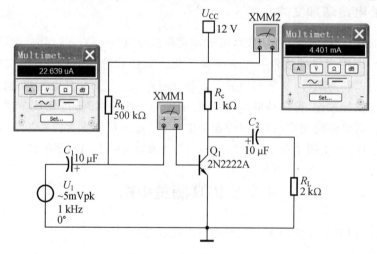

图 3.3 设置数字万用表

2. 测量 U_{BEQ} 和 U_{CEQ}

(1)取数字万用表:取出两个数字万用表 XMM1 和 XMM2,分别放置到晶体管两旁。

(2)给仪表连线:删除电路中适当的连线,将 XMM1 并联到基极和发射极,将 XMM2 并联到集电极和发射极。

(3)设置仪表:分别双击 XMM1 和 XMM2 图标,打开数字万用表,并将它们移至合适位置,依照 2.3.1 节所描述的方法将数字万用表的测量方式设置为测量直流电压,如图 3.4 所示。

（4）仿真测量：打开仿真开关，数字万用表即可显示出测量的 U_{BEQ} 和 U_{CEQ}，如图 3.4 所示。

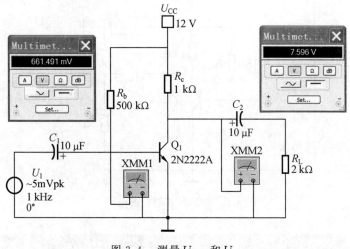

图 3.4　测量 U_{BEQ} 和 U_{CEQ}

3.2.2　用示波器观察电压波形及测量中频电压放大倍数

（1）增加示波器：单击仪器工具栏的示波器按钮，移动鼠标至电路窗口的右侧，然后单击鼠标，示波器图标出现在电路窗口中。

（2）给示波器连线：将示波器图标上的 A 通道输入端子连接至信号源上端，将示波器图标上的 B 通道输入端子连接至输出端即 R_L 上端。示波器图标上的接地端子与电路中的地连接。

（3）改变连线颜色：右击 A 通道输入端子与信号源之间的连线，在弹出式菜单中选择"Color"命令改变该连线的颜色，以区别于 B 通道输入端子与电路输出端的连线。加入示波器后的电路如图 3.5 所示。

（4）设置仪表：双击示波器图标，打开示波器，并将它移至合适位置，依照 2.3.3 节所描述的方法将示波器扫描时间 Timebase 区块的 Scale 设置为 1ms/Div，Channel A 区块的 Scale 设置为 5mV/Div，Channel B 区块的 Scale 设置为 500mV/Div。

（5）仿真测量：打开仿真开关，在示波器上即可显示出输入电压和输出电压的波形，如图 3.6 所示。由图中可以观察到输入和输出电压的波形颜色分别与电路中设置的示波器 A 通道、B 通道与电路连线的颜色一致，容易区分。另外由图中可以观察到输入和输出电压的波形相位相反。

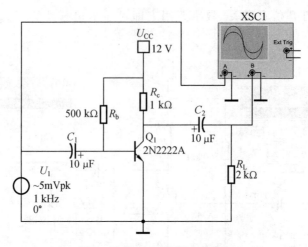

图 3.5 加入示波器后的电路

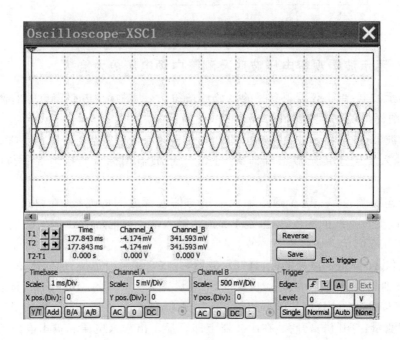

图 3.6 用示波器观察输入、输出信号波形

点击仿真开关右边的暂停按钮,分别移动示波器左右两端的光标至输入波形和输出波形的峰值点上,如图 3.7 所示。此时游标区 A、B 两通道的显示值即为输入波形和输出波形的峰值电压,二者的比值即放大电路的电压放大倍数。

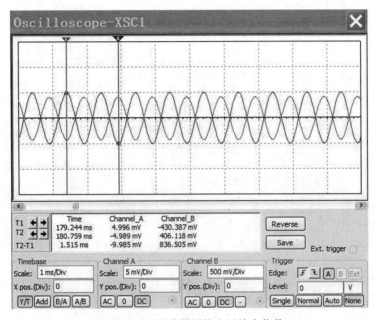

图 3.7　用示波器测量电压放大倍数

3.2.3　用波特图仪观察电压放大倍数的频率特性

（1）增加波特图仪：单击虚拟仪表工具栏的波特图仪按钮，移动鼠标至电路窗口的右侧，然后单击鼠标，波特图仪图标出现在电路窗口中。

（2）给波特图仪连线：将波特图仪图标上的输入端子（IN）的"＋"端子连接至信号源上端，将波特图仪图标上的输出端子（OUT）的"＋"端子连接至输出端，即 R_L 上端。

（3）改变连线颜色：右击输入端子的"＋"端子与信号源之间的连线，在弹出式菜单中选择"Color"命令改变该连线的颜色，以区别于输出端子的"＋"端子与电路输出端的连线。加入波特图仪后的电路如图 3.8 所示。

（4）观察仿真结果：双击波特图仪图标，打开波特图仪，并将它移至合适位置。

观察幅频特性：参照 2.3.4 节所描述的方法，点击"Magnitude"按钮，在 Horizontal 区块点击"Log"按钮采用对数刻度，将 F 字段设置为 10 GHz，I 字段设置为 1 MHz；在 Vertical 区块点击"Log"按钮采用对数刻度，将 F 字段设置为 100 dB，I 字段设置为－200 dB。打开仿真开关，波特图仪的显示屏显示出电路的幅频特性，如图 3.9 所示。移动光标可测量出中频电压放大倍数的分贝值、上限截止频率和下限截止频率。

观察相频特性：参照 2.3.4 节所描述的方法，点击"Phase"按钮，在 Horizontal 区块点击"Log"按钮采用对数刻度，将 F 字段设置为 10 GHz，I 字段设置为 1 MHz；在 Vertical 区块点击"Log"按钮采用对数刻度，将 F 字段设置为 720Deg，I 字段设置为－720Deg。打开仿真开关，波特图仪的显示屏显示出电路的相频特性，如图 3.10 所示。移动光标可测量各频率点的相位值。

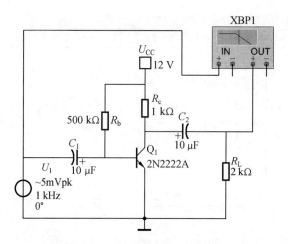

图 3.8　加入波特图仪后的电路

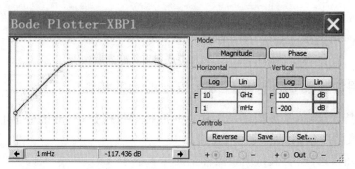

图 3.9　用波特图仪观察幅频特性

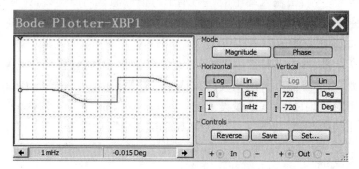

图 3.10　用波特图仪观察相频特性

第4章 Multisim 仿真分析方法

Multisim 提供了非常齐全的仿真与分析功能,在本章里将结合图 3.1 所示的单管基本放大电路分别予以介绍。

4.1 分析方法简介

为了更好地了解这些分析方法,启动菜单命令 Simulate/Analyses,即可拉出如图 4.1 所示的分析方法菜单。

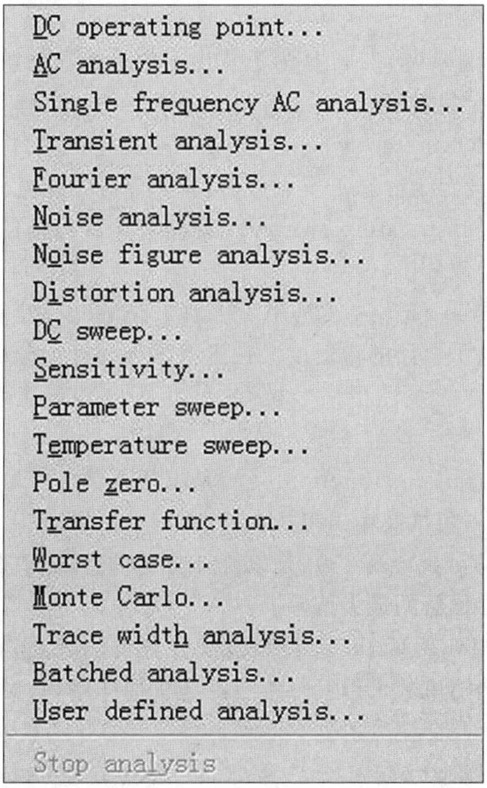

```
DC operating point...
AC analysis...
Single frequency AC analysis...
Transient analysis...
Fourier analysis...
Noise analysis...
Noise figure analysis...
Distortion analysis...
DC sweep...
Sensitivity...
Parameter sweep...
Temperature sweep...
Pole zero...
Transfer function...
Worst case...
Monte Carlo...
Trace width analysis...
Batched analysis...
User defined analysis...
Stop analysis
```

图 4.1　分析方法菜单

其中包括 19 个分析命令,从上至下,分别为:

(1) 静态工作点分析(DC operating point...):分析电路的静态工作点,可以选定计算不同节点的静态电压值。

(2) 交流分析(AC analysis...):分析电路的小信号频率响应。

（3）单个频率交流分析（Single frequency AC analysis...）：分析电路的单个频率小信号频率响应。

（4）瞬态分析（Transient analysis...）：是电路在时域（Time Domain）的动作分析，相当于连续性的操作点分析，通常是为了找出电子电路的动作情形，就像是示波器一样。

（5）傅里叶分析（Fourier analysis...）：是电路在频域（Frequency Domain）的动作分析，将周期性的非正弦波信号转换成由正弦波和余弦波组成的波形。

（6）噪声分析（Noise analysis...）：是分析噪声对电路的影响，Multisim 提供三种噪声的仿真分析，包括热噪声（Thermal Noise），也称为琼森噪声（Johnson Noise）或白噪声（White Noise），这种噪声是由温度变化所产生的；散弹噪声（Shot Noise），这种噪声是由于电流在分立的半导体块流动所产生的噪声，是晶体管的主要噪声；闪烁噪声（Flicker Noise），又称为超越噪声（Excess Noise），通常是发生在 FET 或一般晶体管内，频率为 1 kHz 以下。

（7）噪声系数分析（Noise figure analysis...）：属于射频分析的一部分，噪声系数是指输入端的信噪比与输出端的信噪比的比值。

（8）失真分析（Distortion analysis...）：是分析电路的非线性失真及相位偏移。

（9）直流扫描分析（DC sweep...）：是以不同的一组或两组电源，交互分析指定节点的直流电压值。

（10）灵敏度分析（Sensitivity...）：是为了找出元件受偏压影响的程度，Multisim 提供直流灵敏度与交流灵敏度的分析功能。

（11）参数扫描分析（Parameter sweep...）：是对电路里的元件分别以不同的参数值进行分析。在 Multisim 里，可设定为静态工作点分析、瞬态分析或交流分析三种参数扫描分析。

（12）温度扫描分析（Temperature sweep...）：也是参数扫描的一种，同样可以执行静态工作点分析、瞬态分析及交流分析。

（13）零点极点分析（Pole zero...）：是用于求解电路的交流小信号传递函数中零点与极点的个数和数值，以决定电子电路的稳定度。在进行零点与极点分析时，首先计算出静态工作点，再设定所有非线性元件的线性小信号模型，然后找出其交流小信号传递函数的零点与极点。

（14）传递函数分析（Transfer function...）：是求解电路小信号分析的输出和输入之间的关系，可以分析出增益、输入阻抗及输出阻抗。

（15）最坏情况分析（Worst case...）：是以统计分析的方式，在给定元件参数容差的情况下，分析电路性能相对于标称值的最大偏差。

（16）蒙特卡罗分析（Monte Carlo...）：是以统计分析的方式，在给定元件参数容差的统计规律的情况下，用一组伪随机数求得元件参数的随机抽样序列，对这些随机抽样的电路进行静态工作点分析、瞬态分析及交流分析。

（17）布线宽度分析（Trace width analysis...）：这项功能可以帮助设计者找出该电路在设计电路板（PCB）时走线的宽度。

（18）批处理分析（Batched analysis...）：是设定几个分析分批执行。

（19）用户自定义分析（User defined analysis...）：在 Multisim 里可以自行定义电路分析。

其中模拟电路分析中最常用的分析方法为静态工作点分析、交流分析、瞬态分析、直流扫描分析、参数扫描分析和传递函数分析,下面针对这些方法的应用进行详细介绍。

4.2　静态工作点分析

在进行分析之前,首先必须设定相关的参数,而对于不同的分析,其设定参数不完全相同。尽管如此,在大部分的分析设定里都是只要按默认值就可以正常分析。但有些设定是必需的,例如指定所要追踪或分析的节点等。

在静态工作点分析中的各项设定几乎都出现在其他每项分析的设定之中,因而熟悉了静态工作点分析的设定,对于其他分析的设定,只需掌握其特殊的部分即可。

打开图 3.1 电路文件,启动菜单命令 Simulate/Analyses/DC operating point,进入静态工作点分析,屏幕出现如图 4.2 所示对话框。对话框包括 Output 页、Analysis Options 页和 Summary 页。

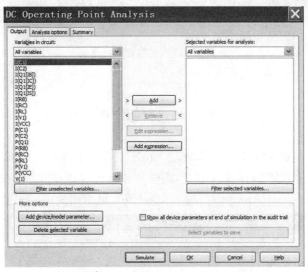

图 4.2　静态工作点分析对话框

Output 页是必须设定的部分,在此页中指定所要分析的节点,才能进行静态工作点分析。该页包括 Variables in circuit 区块和 Selected variables for analysis 区块,具体说明如下:

(1)Variables in circuit:本区块内列出电路里的所有节点名称。选取所要分析的节点,再按"Add"按钮即可将所选取的节点放到右边的 Selected variables for analysis 区块。如果在本区块选取节点后,按"Filter unselected variables...钮",则对未列出的电路中的其他节点进行筛选。

(2)Selected variables for analysis:本区块内列出所要分析的节点,如果需要去除某个节点,则选取所要去除的节点,再按"Remove"按钮将节点放回 Variables in circuit 区块。

在 Analysis options 页中可以进行其他一些设定,包括在 Title for analysis 字段中输入所要进行分析的名称和通过 Use custom analysis options 设定习惯分析方式等,一般无需设定,采用默认值即可。

在 Summary 页中进行分析设定确认,一般无需设定,采用默认值即可。

当设定完成后,按图 4.2 所示对话框下面的"Simulate"按钮即可进行分析。分析结果如

图 4.3 所示,在该分析结果图中,可以对分析结果进行一般的文档操作,例如保存、打印等。

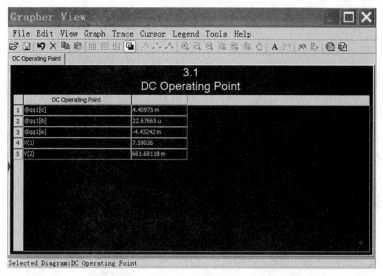

图 4.3　静态工作点分析结果

4.3　交流分析

交流分析是分析电路的小信号频率响应。由于交流分析是以正弦波为输入信号,因此进行分析时都将自动以正弦波替换输入信号,而信号频率也将以设定的范围替换。启动菜单命令"Simulate/Analyses/AC Analysis",进入交流分析,屏幕出现图 4.4 所示对话框。

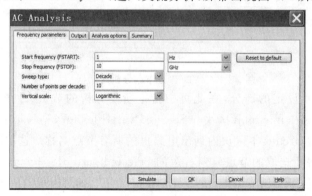

图 4.4　交流分析对话框

其中包括四页,除了 Frequency parameters 页外,其余均与静态工作点的设定一样,参见4.2 节。Frequency parameters 页包括下列 6 个项目:

(1)Start frequency (FSTART):设定交流分析的起始频率。

(2)Stop frequency (FSTOP):设定交流分析的终止频率。

(3)Sweep type:设定交流分析的扫描方式,其中包括 Decade(十倍频扫描)、Octave(八倍频扫描)及 Linear(线性扫描),通常是采用十倍频扫描(Decade 选项),以对数方式展现分析结果。

（4）Number of points per decade：设定每十倍频中采样点数。

（5）Vertical scale：设定垂直刻度，其中包括 Decibel（分贝）、Octave（八倍频程）、Linear（线性）及 Logarithmic（对数）。通常采用 Logarithmic 或分贝选项。

（6）Reset to default：将所有设定恢复为默认值。

当设定完成后，按图 4.4 所示对话框下面的"Simulate"按钮即可进行分析，分析结果如图 4.5 所示。在该分析结果图中，点击"Show cursors"按钮，可以读取波形上任一点的值；点击 Save 按钮，可将结果图保存到指定文件中；点击"Show grid"按钮，可以显示网格线；点击"Export to Excal"按钮，可将结果转换成 Excel 文件。另外在该分析结果图中，同样可以对分析结果进行一般的文档操作。

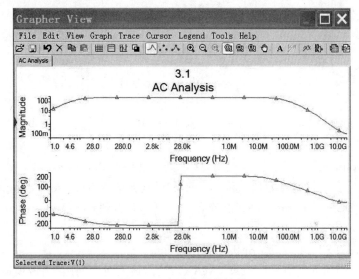

图 4.5　交流分析的结果

4.4　瞬态分析

瞬态分析是一种非线性时域分析方法，可以分析电路在激励信号的作用下电路的时域响应，相当于连续性的静态工作点分析，通常是为了找出电子电路的工作情况，就像用示波器观察接点电压波形一样。启动菜单命令"Simulate/Analyses/Transient Analysis"，屏幕出现图 4.6 所示对话框。

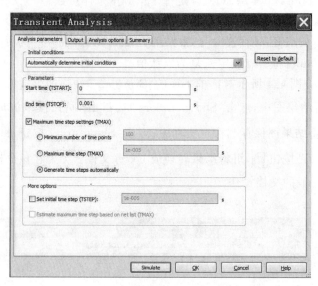

图 4.6　瞬态分析对话框

　　其中包括四页,除了 Analysis parameters 页外,其余均与静态工作点分析的设定相同,参见 4.2 节。Analysis parameters 页包括下列项目:

　　(1)Initial conditions:设定初始条件,其中包括 Automatically determine initial conditions(由程序自动设定初始值)、Set to zero(设初始值为 0)、User defined(由用户定义初始值)、Calculate DC operating point(由静态工作点计算得到)。

　　(2)Start time(TSTART):设定分析开始的时间。

　　(3)End time(TSTOP):设定分析结束的时间。

　　(4)Maximum time step settings(TMAX):设定最大时间间距,当该项被选择时,需要同时单选下列三项之一(缺省选项为 Generate time steps automatically):

　　①Minimum number of time points:设定最大采样点数,用以设定分析的步阶,并在右边字段里输入最大采样点数。

　　②Maximum time step(TMAX):设定最大时间间距,以设定分析的步阶,并在右边字段里输入最大时间间距值。

　　③Generate time steps automatically:设定自动决定分析的时间步阶。

　　(5)Reset to default:将所有设定恢复为默认值。

　　当设定完成后,按图 4.6 所示对话框下面的 Simulate 钮即可进行分析,分析结果如图 4.7所示。在该分析结果图中,同样可以对分析结果进行一般的操作(参见 4.3 节 交流分析)。

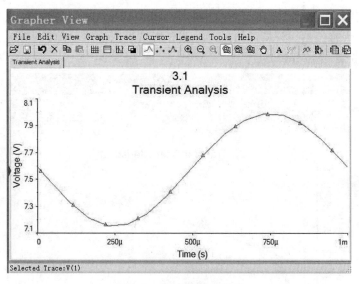

图 4.7　瞬态分析的结果

4.5　直流扫描分析

通过扫描分析可以非常直接地看到扫描参数的变化对仿真实验结果的影响。

直流扫描分析是以不同的一组或两组电源,交互分析指定节点的静态工作点。启动菜单命令"Simulate/Analysis/DC Sweep Analysis",屏幕出现如图 4.8 所示对话框。

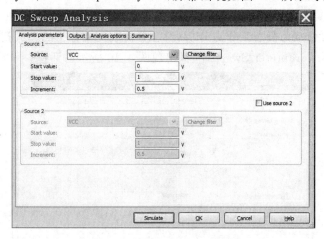

图 4.8　直流扫描分析对话框

其中包括四页,除了 Analysis parameters 页外,其余均与静态工作点分析的设定相同,详见 4.2 节。而在 Analysis parameters 页中包括 Source 1 与 Source 2 两个区块,每个区块各有下列项目:

(1)Source:指定所要扫描的电源。

(2)Start value:设定开始扫描的电压值。

(3)Stop value:设定终止扫描的电压值。

(4)Increment:设定扫描的增量(或间距)。

如果要指定第二组电源,则需选取"Use source 2"选项。

图 4.9 所示为直流扫描分析的结果。在该分析结果图中,同样可以对分析结果进行一般的操作(参见 4.3 节 交流分析)。

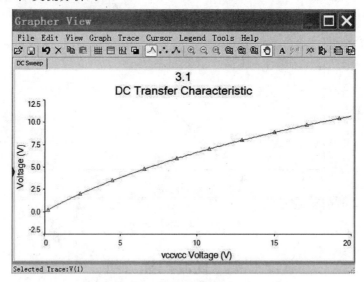

图 4.9 直流扫描分析结果

4.6 参数扫描分析

参数扫描分析是对电路里的元件,分别以不同的参数值进行分析。在 Multisim 中,进行参数扫描分析时,可设定为静态工作点分析、瞬态分析或交流分析的参数扫描。启动菜单命令 Simulate/Analyses/Parameter Sweep,屏幕出现图 4.10 所示对话框。

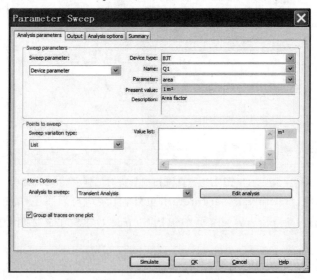

图 4.10 参数扫描分析对话框

其中包括四页,除了 Analysis parameters 页外,其余均与静态工作点分析的设定相同,详见 4.2 节。在 Analysis parameters 页里,各项说明如下:

(1)Sweep parameters 区块:设定进行扫描的参数,包括两个选项,各项说明如下:

①Device parameter:本选项设定元件装置参数,选取本项后,区块里将出现五个字段,如图 4.10 所示。在 Device type 字段里指定所要设定参数的元件类型,而且只列出电路图里所用到的元件类型。在 Name 字段里指定所要设定参数的元件序号,例如 Q_1 晶体管,则指定为Q1;C_1 电容器,则指定为 C1 等。在 Parameter 字段里指定所要设定的参数,当然,不同元件有不同的参数,以晶体管为例,可指定为 off(不使用)、icvbe(即集电极电流 ic、b—e 间电压 vbe)、icvce(即集电极电流 ic、管压降 vce)、area(区间因素)、sens_area(灵敏度)、temp(温度)。Present Value 字段显示目前该参数的设定值(不可更改);Description 字段为说明字段(不可更改)。

②Model Parameter:本选项设定元件模型参数,选取本项后,区块里将出现五个字段,如图 4.11 所示。在 Device type 字段里指定所要设定参数的元件类型,只包括电路图里所用到的元件类型。Name 字段里指定所要设定参数的元件名称。Parameter 字段里指定所要设定的参数;Present value 字段为目前该参数的设定值(不可更改);Description 字段为说明字段(不可更改)。

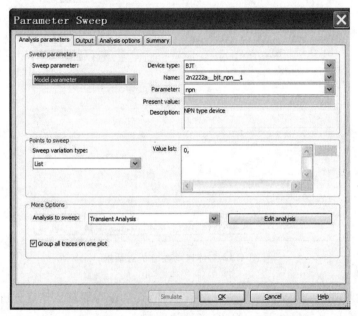

图 4.11　Model Parameter 选项

(2)Points to sweep:本区块的功能是设定扫描的方式。在交流分析的扫描方式中,包括Decade(十倍频程扫描)、Octave(八倍频程扫描)、Linear(线性扫描) 及 List 等选项。如果选择 Decade、Octave 或 Linear 选项,则左边将出现四个字段,如图 4.11 所示。此时可在 Start 字段里指定开始扫描的值,在 Stop 字段里指定停止扫描的值,在 ♯ of points 字段里指定扫描点数,在 Increment 字段里指定扫描间距。如果选择 List 选项,则其右边将出现 Value 字段,此时可在 Value 字段中指定扫描的参数值,如果要指定多个不同的参数值,则在参数值之间以逗号分隔。

(3)Analysis to sweep:本选项的功能是设定分析的种类,包括 DC Operating Point(静态工作点分析)、AC Analysis(交流分析)、Transient Analysis(瞬时分析) 及 Nested Sweep(巢

状扫描）等四个选项。如果要设定某种分析,可在选取该分析后,按"Edit Analysis"钮,即可进入编辑该项分析。

(4)Group all traces on one plot:本选项的功能是设定将所有分析的曲线放置在同一个分析图中。

4.7　传递函数分析

传递函数分析是找出电路小信号分析的输出输入之间的关系,Multisim 将计算出增益、输入阻抗及输出阻抗。启动菜单命令 Simulate/Analyses/Transfer Function Analysis,屏幕出现如图 4.12 所示对话框。

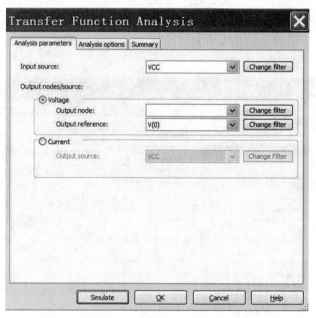

图 4.12　传递函数分析对话框

其中包括三页,除了 Analysis parameters 页外,其余皆与静态工作点分析的设定相同,参见 4.2 节。在 Analysis parameters 页里,各项说明如下:

(1)Input source:本选项指定所要分析的电压源或者信号源。

(2)Voltage:本选项指定计算输出电压与输入信号源电压之比。选取本选项后,就可以在 Output node 字段中指定所要测量的输出电压节点,而在 Output reference 字段里指定参考电压节点,通常是接地端。

(3)Current:本选项指定计算输出电流与输入信号源电压之比。选取本选项后,就可以在 Output source 字段中指定所要测量的输出电流源。

图 4.13 所示为传递函数的分析结果。

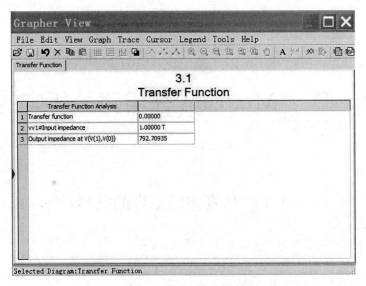

图 4.13　传递函数分析结果

第 5 章 Multisim 在电路分析中的应用

5.1 仿真实验报告的书写

（1）以自己的"姓名和学号"建立一个文件夹。

（2）在自己的文件夹中建立一个 word 文档。

（3）可以按实验的内容和步骤做实验。

（4）将实验原理图用 Multisim 文件存入自己的文件夹，运行仿真得到的分析结果图表粘贴在 word 文档中。

（5）将实验分析得到的结论写在相应的图形前／后。

5.2 基尔霍夫定律

基尔霍夫定律是电路的基本定律，测量某电路的各支路电流及每个元件两端的电压，应能分别满足基尔霍夫电流定律(KCL)和电压定律(KVL)。即对电路中的任一个节点而言，应有 $\sum I=0$；对任何一个闭合回路而言，应有 $\sum U=0$。运用上述定律时必须注意各支路或闭合回路中电流的正方向，此方向可预先任意设定。

5.2.1 实验目的

（1）验证基尔霍夫定律的正确性，加深对基尔霍夫定律的理解。

（2）熟悉数字万用表的使用。

5.2.2 实验内容

按图 5.1 所示电路调用元件并连接电路。

1. 测量各支路电流，验证基尔霍夫电流定律

按图 5.2 接入万用表，万用表选择直流电流挡，并要注意三个万用表的极性，因为这涉及电流的方向。合上开关 S_1 和 S_2，开启仿真开关，对电路进行仿真，记录万用表显示的数值，然后分别对节点 A 或节点 D 验证基尔霍夫电流定律。

2. 测量各元件电压，验证基尔霍夫电压定律

按图 5.3 接入万用表，万用表选择直流电压挡，同时要注意万用表的极性，因为这涉及电压的参考方向。合上开关 S_1 和 S_2，开启仿真开关，对电路进行仿真，并记录万用表显示的数值，然后选择任何一个回路验证基尔霍夫电压定律。

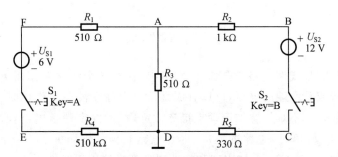

图 5.1　基尔霍夫定律验证电路

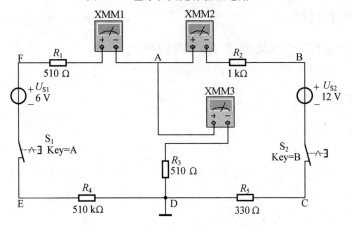

图 5.2　基尔霍夫电流定律验证电路

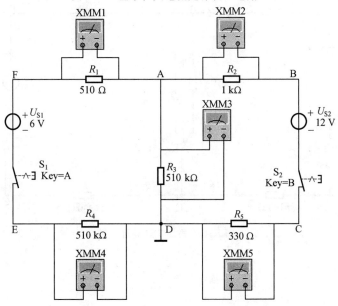

图 5.3　基尔霍夫电压定律验证电路

5.3　叠加定理

叠加定理反映的是线性电路的叠加性,它指出:在有几个独立源作用下的线性电路中,通过每个元件的电流或其两端的电压,可以看成是由每个独立源单独作用时在该元件上产生的电流或电压的代数和。不难从叠加定理推得齐性定理,齐性定理指出:当激励信号(某独立源的值)增加(或减小)K倍时,电路的响应(即在电路其他各电阻元件上所产生的电流和电压值)也将增加(或减小)K倍。叠加定理和齐性定理都只使用于线性电路。

5.3.1　实验目的

(1)验证叠加定理和齐次定理,加深对定理的理解;
(2)掌握叠加定理和齐次定理的适用条件。

5.3.2　实验内容

按图5.4所示接好电路。

1.验证线性叠加定理

通过控制单刀双掷开关,仅将电源U_{S1}连入电路,并将万用表连入电路,如图5.5所示,将万用表XMM1和XMM2调到直流电压挡,将XMM3调到直流电流挡,开启仿真开关,对电路进行仿真,记录万用表显示的数值U'_{AB}、U'_{FA}和I'_{AD}。

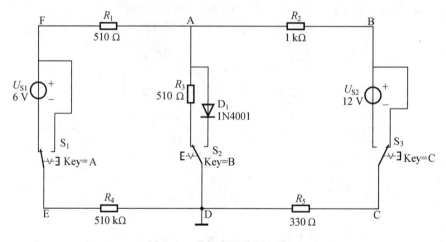

图5.4　叠加定理验证电路

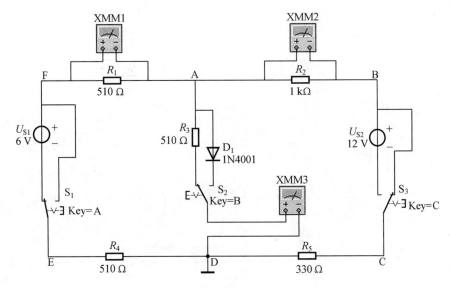

图 5.5　电源 U_{S1} 单独作用电路

按图 5.6 所示,仅将电源 U_{S2} 连入电路,并将万用表分别调到相应挡位,开启仿真开关,对电路进行仿真,记录万用表显示的数值 U''_{AB}、U''_{FA} 和 I''_{AD}。

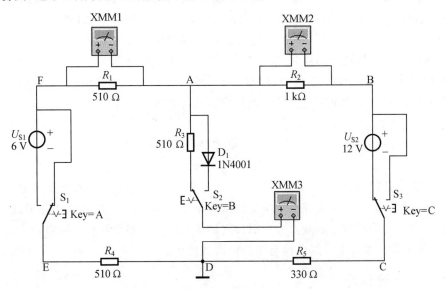

图 5.6　电源 U_{S2} 单独作用电路

按图 5.7 所示接好电路,通过控制单刀双掷开关,将电源 U_{S1} 和 U_{S2} 同时连入电路,并将万用表调到相应挡位,记录万用表显示的数值 U_{AB}、U_{FA} 和 I_{AD}。

比较 U_{AB} 和 $U'_{AB}+U''_{AB}$,U_{FA} 和 $U'_{FA}+U''_{FA}$ 与 I_{AD} 和 $I'_{AD}+I''_{AD}$ 是否满足叠加定理。

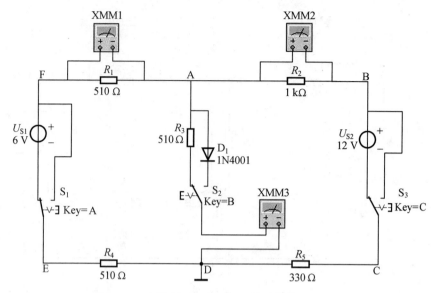

图 5.7　电源 U_{S1} 和电源 U_{S2} 共同作用电路

2. 验证齐次定理

按图 5.5 接好电路,通过控制单刀双掷开关,仅将电源 U_{S1} 连入电路并将其电压值换成 12 V,开启仿真开关,对电路进行仿真,并记录万用表显示的数值 U'''_{AB}、U'''_{FA} 和 I'''_{AD}。比较 U''_{AB} 与 U'''_{AB}、U'_{FA} 与 U'''_{FA}、I'_{AD} 与 I'''_{AD} 的关系是否满足齐次定理。

3. 观察在测量非线性电路中是否满足叠加定理和齐次定理

通过控制单刀双掷开关 S_2,将二极管接入电路。重复上述测量步骤,观察在非线性电路中各支路和元件的电流和电压是否满足叠加定理和齐次定理。

5.4　戴维宁定理

根据戴维宁定理,任何一个有源线性二端网络都可以等效为一个理想电压源与一个电阻串联的实际电压源形式。这个理想电压源的值等于二端网络端口处的开路电压,这个电阻的值是将有源线性二端网络中的除源后两端口间的等效电阻。根据两种实际电源之间的互换规律,这个电阻实际上也等于开路电压与短路电流的比值。

5.4.1　实验目的

(1) 验证戴维宁定理,加深对该定理的理解;
(2) 掌握测量有源二端网络等效参数的一般方法。

5.4.2　实验内容

按电路图 5.8 所示调用元件并连接电路。

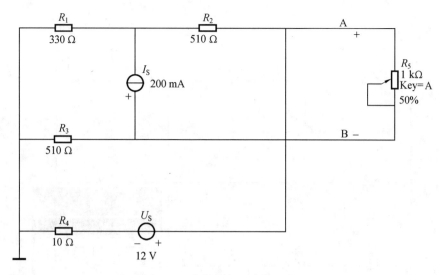

图 5.8　戴维宁定理验证电路

1. 开路电压的测量

测试开路电压需要先将负载卸掉,按图 5.9 所示接好电路,万用表选为直流电压挡。开启仿真开关,对电路进行仿真,记录万用表显示的数值。

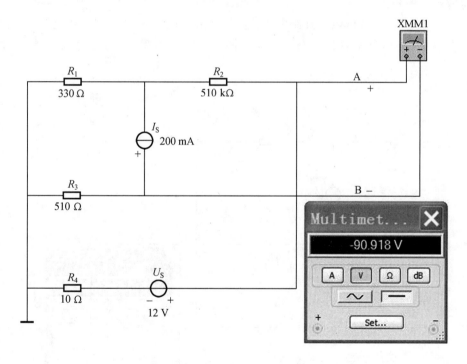

图 5.9　开路电压的测量

2. 短路电流的测量

将万用表选为直流电流挡,开启仿真开关,记录万用表显示的数值。

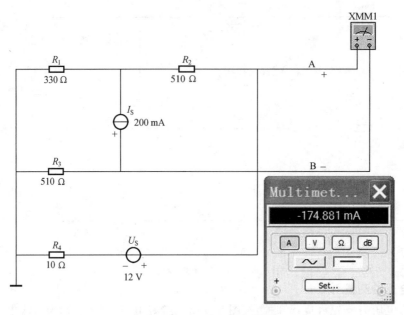

图 5.10　短路电流的测量

3.等效电阻的测量

根据戴维宁定理,等效电阻＝开路电压／短路电流＝519.885 Ω。对于该电路也可以采用除去所有电源后,利用万用表直接测量二端口网络的等效电阻,测量电路及结果如图 5.11所示。

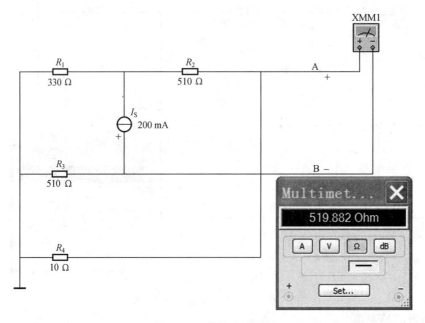

图 5.11　等效电阻测量

4.二端口网络的戴维宁等效电路

根据戴维宁定理,图 5.8 的有源线性二端网络的戴维宁等效电路如图 5.12 所示。

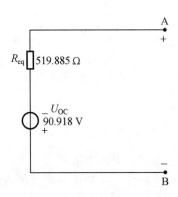

图 5.12　戴维宁等效电路

5.验证戴维宁等效电路的外特性

在有源二端网络和戴维宁等效电路两端接入相同电位器,用万用表同时测量流经负载的电路和负载上的电压。并将两者记录比较,验证戴维宁定理的正确性。

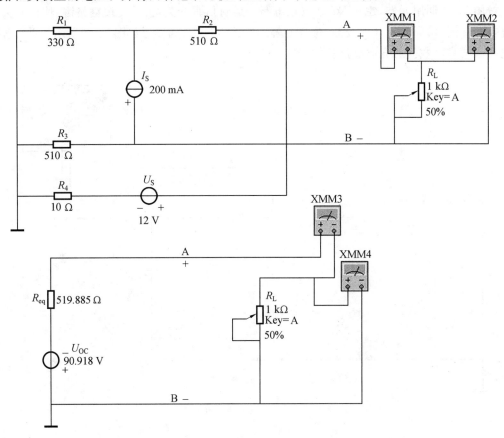

图 5.13　等效电路与有源线性二端网络外特性测试

5.5　一阶 *RC* 动态电路

一阶 *RC* 动态电路是指电阻和电容串并联组成的电路,并可以利用对电容的充放电实现积分和微分等功能的电路。

5.5.1　实验目的

(1)掌握观察一阶 *RC* 动态电路充放电的方法;
(2)掌握利用 *RC* 动态电路构建积分电路和微分电路的方法;
(3)熟悉用示波器观察电压波形及信号源的使用方法。

5.5.2　实验内容

1.观察电路的充放电过程

按图 5.14 调用元件,建立 *RC* 充放电电路。运行仿真开关,再反复按空格键,使得开关 S_1 反复打开和闭合,同时打开示波器,观察电容的充放电过程,其波形如图 5.15 所示。并观察改变电阻或电容的数值对充放电过程的影响。

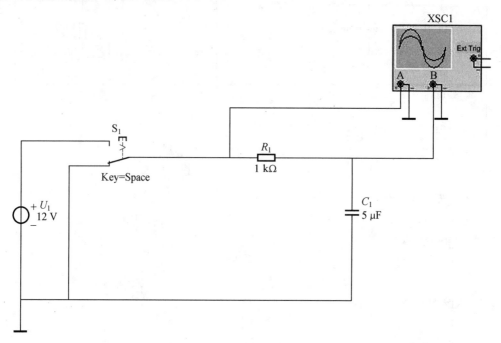

图 5.14　一阶 *RC* 动态电路图

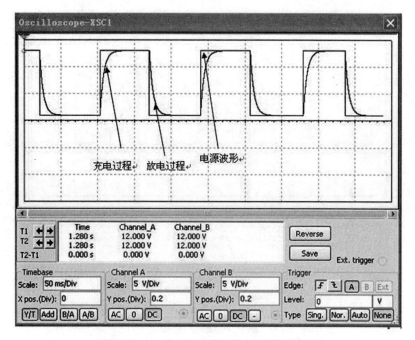

图 5.15　一阶 RC 动态电路的充放电波形

2.构建积分电路,观察电路的输入、输出波形

按图 5.16 所示调用元件,建立 RC 积分电路,要注意,输入方波信号的脉宽远小于 RC 的时间常数。运行仿真开关,同时打开示波器,观察输入、输出电压波形,如图 5.17 所示。

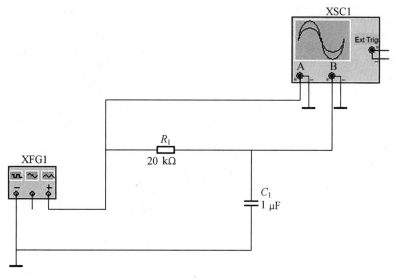

图 5.16　积分电路

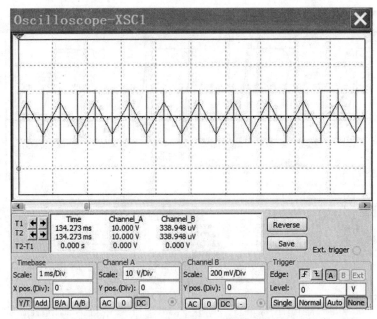

图 5.17 积分电路的输入、输出电压波形

3.构建微分电路,观察电路的输入、输出波形

按图 5.18 所示调用元件,建立 RC 微分电路,注意输入方波信号的脉宽应远大于 RC 的时间常数。运行仿真开关,同时打开示波器,观察输入、输出电压波形,如图 5.19 所示。

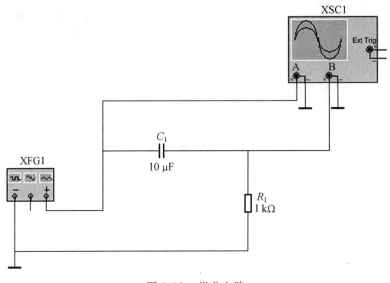

图 5.18 微分电路

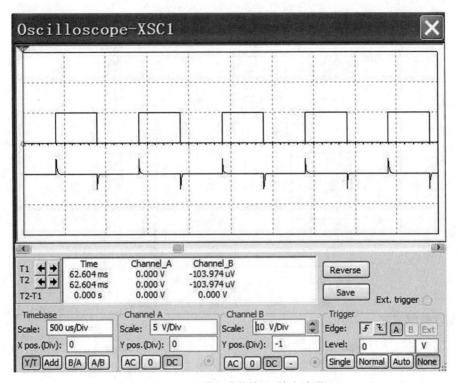

图 5.19　微分电路的输入、输出波形

5.6　单相交流电路

在线性非时变的正弦稳态电路中,全部的电压、电流都是同一频率的正向量,因此,直接用向量通过复数形式的电路方程描述电路的基本定律即 KVL 和 KCL。

5.6.1　实验目的

(1) 通过对 RLC 的串联、并联电路的实验,了解正弦交流电路中,总电压、电流和各部分电压、电流之间的相量关系。

(2) 掌握单相正弦交流电路中电压、电流及功率的测量方法。

5.6.2　实验内容

1. 单相交流电路的基尔霍夫电压定律

按图 5.20 所示调用元件,连入万用表,将万用表选为交流电压挡,开启仿真开关,记录万用表显示的数值。然后验证电压的向量关系,比较 $\sqrt{U_R^2 + (U_C - U_L)^2}$ 与 U_S 是否相等?

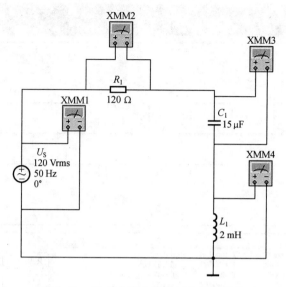

图 5.20 *RLC* 串联电路电压向量的测量

由测量数据可知

$$\sqrt{U_R^2 + (U_C - U_L)^2} = \sqrt{59.201^2 + (104.69 - 0.309\ 977)^2} \approx 118.548\ 5\ \text{V} \approx U_S$$

同时也可以测出相应的电路参数,其电路图如图 5.21 所示。按图调用元件,建立 *RLC* 电路。将万用表分别选为交流电压挡和交流电流挡,运行仿真开并记录万用表显示的数值。同时要注意功率表的连接。

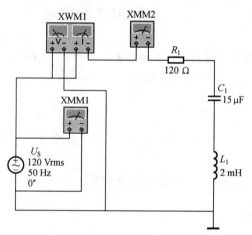

图 5.21 *RLC* 交流参数测量

由测量数据计算电路阻抗的模 $|Z|$、功率因数 $\cos\varphi$ 和等效电阻 R,计算结果为

$$|Z| = \frac{U}{I} = \frac{120\ \text{V}}{493.343\ \text{mA}} \approx 243.238\ \Omega$$

$$\cos\varphi = \frac{P}{UI} = \frac{29.186\ \text{W}}{120\ \text{V} \times 439.343\ \text{mA}} \approx 0.554$$

$$R = |Z|\cos\varphi = 243.238 \times 0.554 = 134.754\ \Omega$$

2. 单相交流电路的基尔霍夫电流定律

按图 5.22 所示调用元件，连入万用表。将万用表选为交流电流挡，开启仿真开关，并记录万用表显示的数值。然后验证电流的向量关系，比较 $\sqrt{I_R^2 + (I_L - I_C)^2}$ 与 I_S 是否相等？

由测量数据可知

$$\sqrt{I_R^2 + (I_L - I_C)^2} = \sqrt{1 + (190.986 - 0.565\,488)^2} \approx 190.423\,1\ \text{A} \approx I_S$$

图 5.22　RLC 并联电路电流向量测量

3. 观察电感和电容的电压与电流的位相关系

按图 5.23 和图 5.24 所示调用元件，连接电路，并连入示波器，开启仿真开关，观察电容、电感的电压与电流之间的相位关系。电压的波形为元件的实测波形，电流的波形用电阻的电压波形代替，所以相位上存在误差，如图 5.25、5.26 所示。

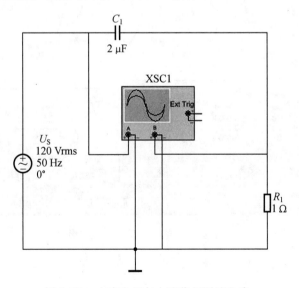

图 5.23　电容电压与电流位相测试电路

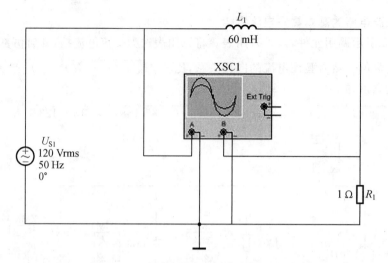

图 5.24 电感电压与电流位相测试电路

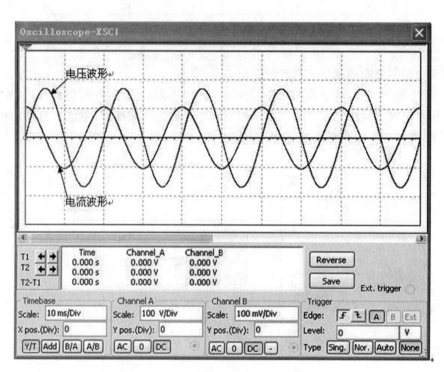

图 5.25 电容电压与电流波形

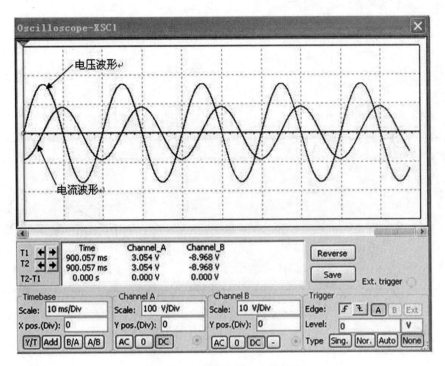

图 5.26　电感电压与电流波形

5.7　三相交流电路

在三相供电系统中,负载有两种基本连接方法,即星形接法和三角形接法。两种接法中,线电压与相电压、线电流与相电流的关系截然不同。

5.7.1　实验目的

(1)掌握三相负载星形连接、三角形连接的方法,加深对这两种接法下线电压、相电压,线电流、相电流之间的关系的理解。

(2)充分理解三相四线供电系统中中线的作用。

5.7.2　实验内容

1.三相负载星形连接(三相四线制供电)

按图 5.27 所示调用元件,连接电路。

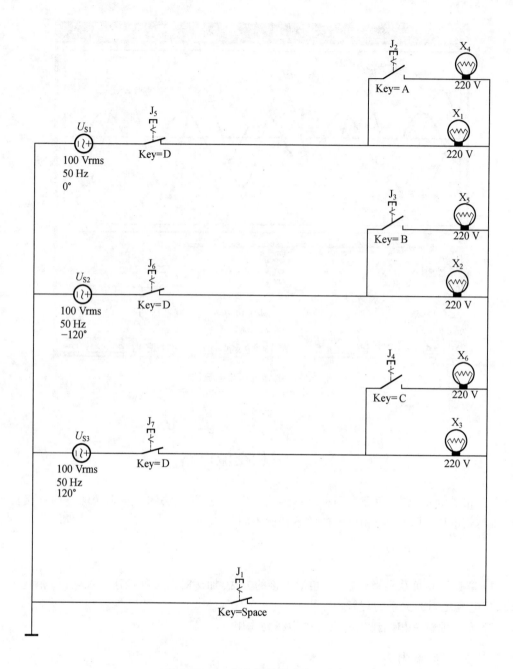

图 5.27 三相负载星形连接电路图

（1）线电压与相（线）电流的测量。

按照图 5.28 所示连入万用表，将相应的万用表选为交流电压挡或交流电流挡，合上开关 J_1、J_5、J_6、J_7，断开开关 J_2、J_3、J_4，开启仿真开关，记录万用表显示的数值，验证是否满足 $I_1 = I_p$，$U_1 = \sqrt{3} U_p$。

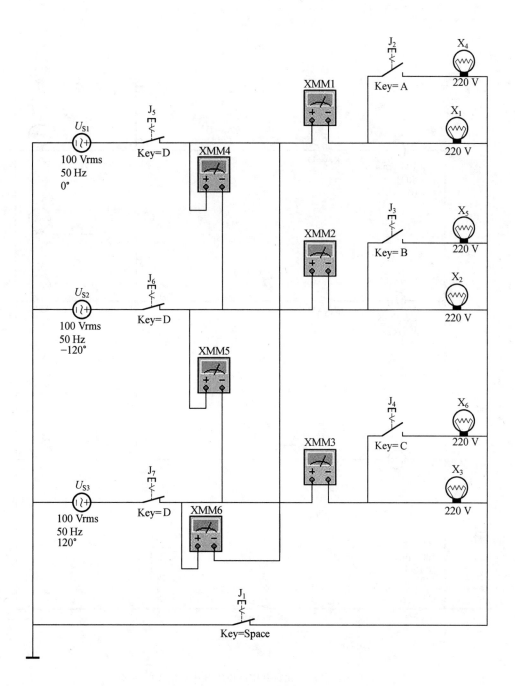

图 5.28　星形对称三相负载线电压线(相)电流的测量

(2) 中线电流和中点电压的测量。

测试电路如图 5.29 所示。

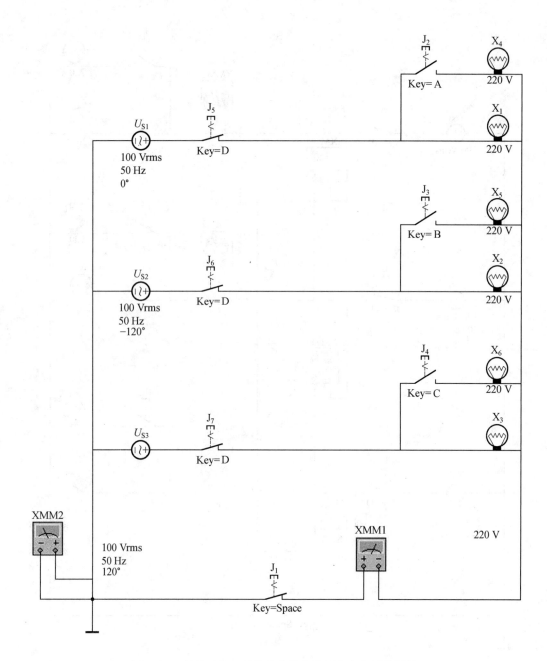

图 5.29　星形对称三相负载中线电流和中点电压的测量

（3）负载功率的测量。

测试电路及结果如图 5.30 所示。

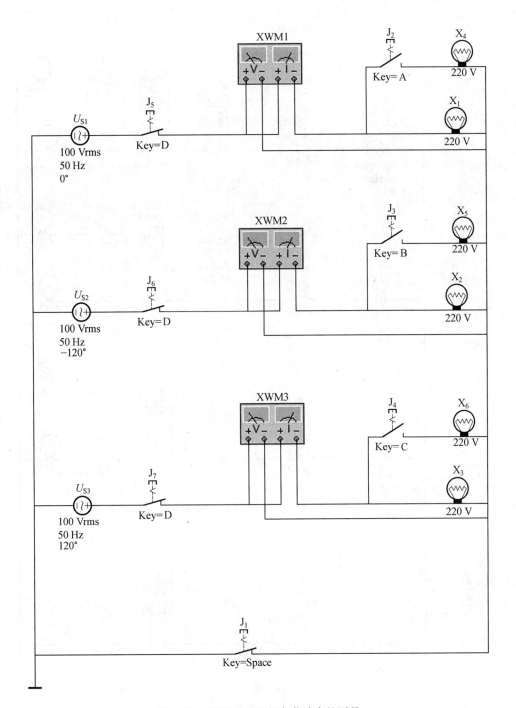

图 5.30　星形对称三相负载功率的测量

（4）不对称负载时灯的亮度。

合上开关 J₂，测试电路如图 5.31 所示，测量各支路的相电流。断开中线，如图 5.32 所示，再测量各支路的电流。比较上述两种情况的测量结果。

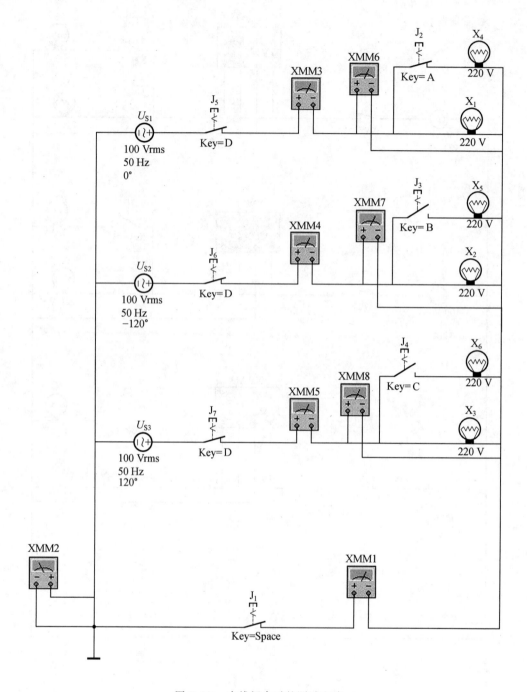

图 5.31　中线闭合时的测试电路

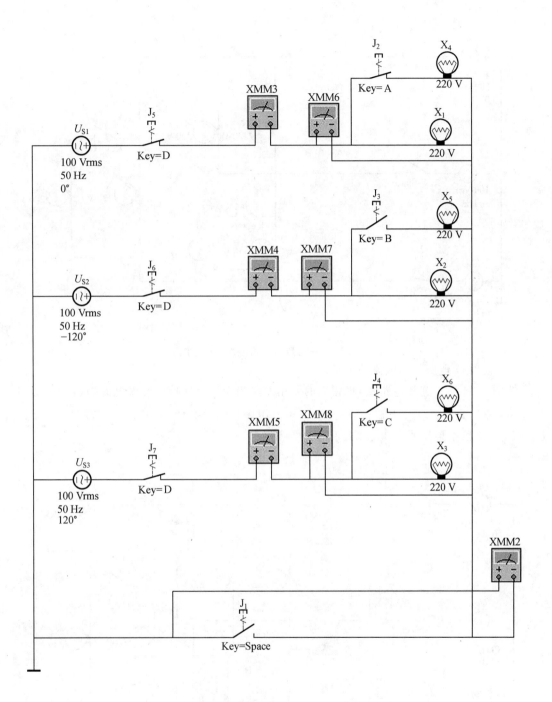

图 5.32 中线断开时的测试电路

2.三相负载三角形连接(三相三线制供电)

按图 5.33 所示调用元件,连接电路。

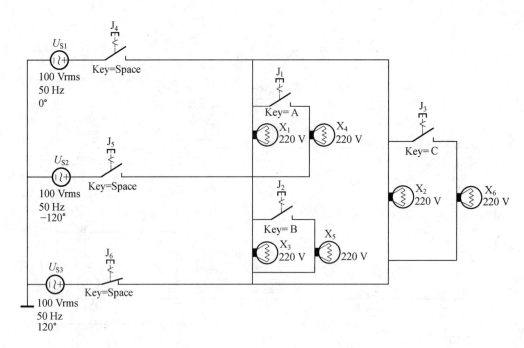

图 5.33　三相负载三角形连接电路图

（1）线（相）电压与相电流的测量。

按图 5.34 所示连接电路图,将相应的万用表选为交流电压挡或交流电流挡,合上开关 J_4、J_5、J_6,断开开关 J_1、J_2、J_3,开启仿真开关,记录万用表显示的数值,并验证是否满足 $I_l = \sqrt{3} I_p$,$U_l = U_p$。测试结果如图 5.35、5.36 所示。

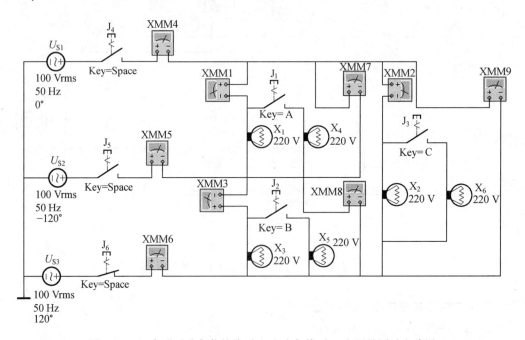

图 5.34　三角形对称负载的线（相）电流与线（相）电压的测试电路图

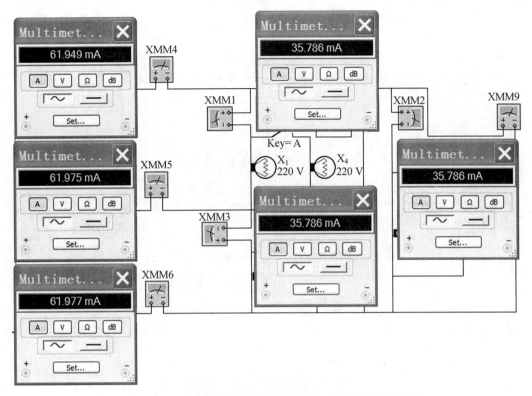

图 5.35　三角形对称负载的线相电流与相电流的测试结果

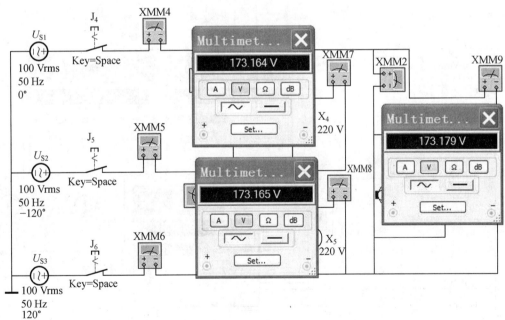

图 5.36　三角形对称负载的线电压的测试结果

（2）负载功率的测量。

测试电路如图 5.37 所示，测试结果如图 5.38 所示。

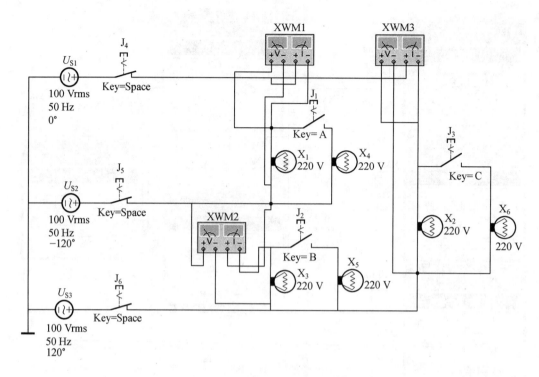

图 5.37　三角形对称负载的功率测试电路

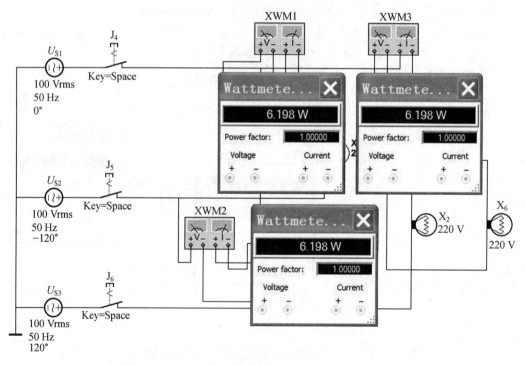

图 5.38　三角形对称负载的功率测试结果

（3）将三相负载灯分别接通一盏和两盏，形成不对称负载，观察相电流的变化。

5.8　谐振电路

谐振电路包括串联谐振电路和并联谐振电路。

5.8.1　实验目的

(1) 加深对串联和并联谐振电路条件及特性的理解。
(2) 掌握谐振频率的测量方法。
(3) 理解串联谐振电路品质因数对通频带的影响。
(4) 熟悉幅频特性和相频特性的测试方法。

5.8.2　实验内容

1.*RLC* 串联谐振电路

(1) 谐振频率的测量。

按照图 5.39 所示调用元器件并连接电路。

理论计算该电路的谐振频率为

$$f_0 = \frac{1}{2\pi\sqrt{LC}} \approx 1\ 006.6\ \text{Hz}$$

谐振电路的幅频特性可以利用波特图仪和交流分析两种方法获得。将波特图仪连入电路,如图 5.40 所示。开启仿真开关,获得电路的幅频特性和相频特性曲线如图 5.41 所示,从图中读出谐振频率约为 1 kHz。

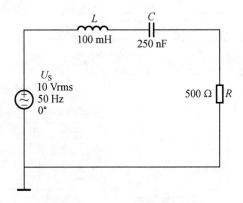

图 5.39　*RLC* 串联谐振电路

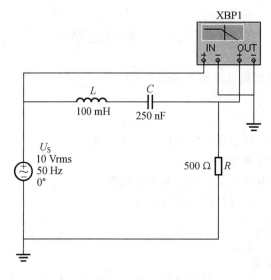

图 5.40 *RLC* 串联谐振电路谐振频率的测试电路

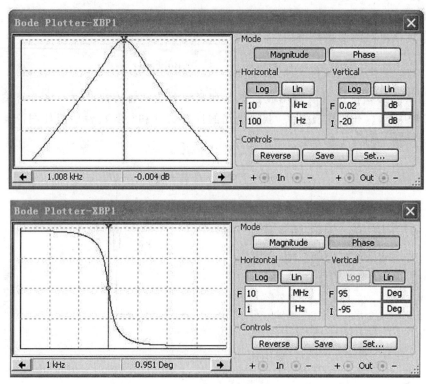

图 5.41 *RLC* 串联谐振电路的波特图

也可以启动菜单命令"Simulate/Analalyses/AC Anaysis",对图 5.39 所示的电路图直接进行交流分析,其结果如图 5.42 所示。

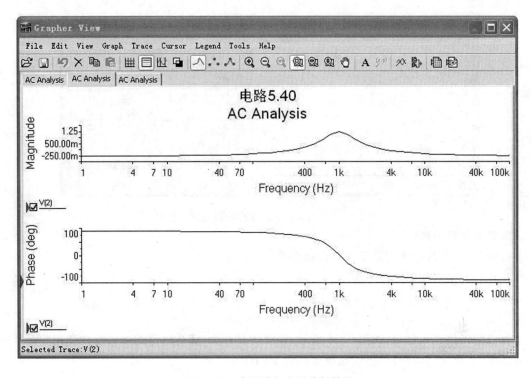

图 5.42　串联谐振交流分析结果

（2）观察电路品质因数及通频带影响。

将图 5.39 中的电阻阻值增大或减小，观察幅频波特图有无变化。电阻 R 增加，品质因数 Q 减小，频带变宽，电阻 R 减小，品质因数 Q 增加，频带变宽。电阻 R 分别取值 100 Ω 和 1 000 Ω 时的幅频波特图如图 5.43、5.44 所示。

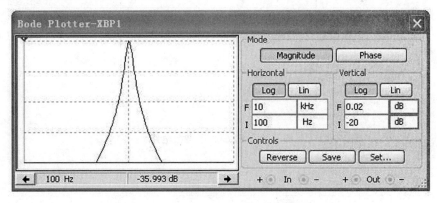

图 5.43　电阻 $R = 100$ Ω 时的幅频波特图

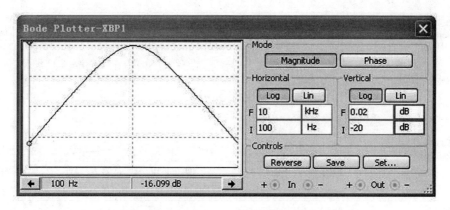

图 5.44 电阻 $R = 1\,000\ \Omega$ 时的幅频波特图

2. 串联谐振电路

按照图 5.45 所示调用元器件并连接电路。

理论计算电路的谐振频率为

$$f_0 = \frac{1}{2\pi\sqrt{LC}} = \frac{1}{2\pi\sqrt{100 \times 10^{-3}\,\text{H} \times 250 \times 10^{-9}\,\text{F}}} = 1\,006.6\ \text{Hz}$$

将波特图仪连入电路,如图 5.46 所示,开启仿真开关,获得电路的幅频特性和相频特性曲线如图 5.47 所示,从结果得出谐振频率约为 1 kHz。

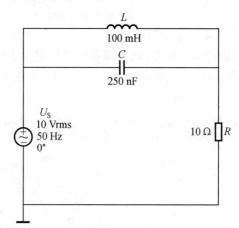

图 5.45 RLC 并联谐振电路

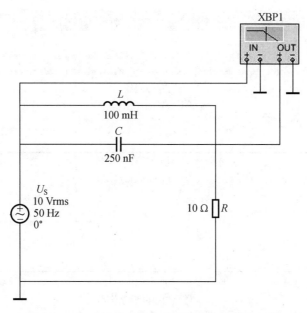

图 5.46 *RLC* 并联谐振电路谐振频率的测试电路

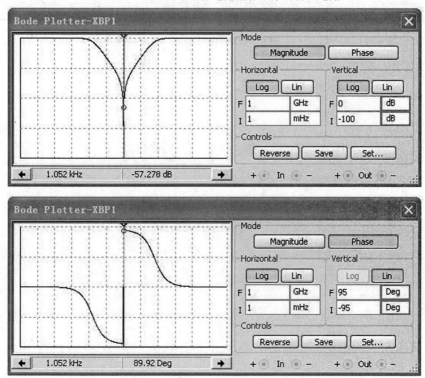

图 5.47 *RLC* 并联谐振电路的波特图

启动菜单命令"Simulate/Analayses/AC Anaysis",对图 5.45 所示的电路图直接进行交流分析,结果如图 5.48 所示。

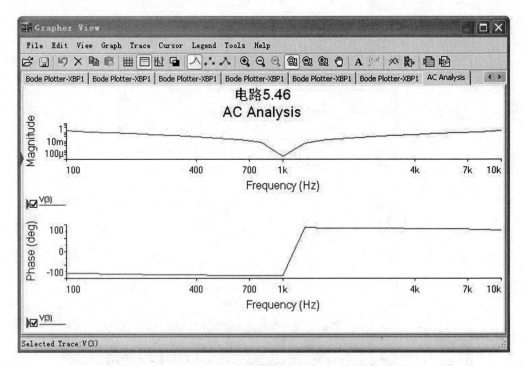

图 5.48　*RLC* 并联谐振电路的交流分析结果

第6章　Multisim 在模拟电子技术中的应用

6.1　半导体二极管电路

二极管是常用的半导体器件,它的最基本特性是单向导电性。

6.1.1　实验目的

研究二极管的单向导电性。

6.1.2　实验内容

二极管单向导电性的测试电路如图 6.1 所示。仿真电路中二极管选用 1N4001,输入端加上有效值为 5 V、频率为 1 kHz 的正弦信号,输出端接 1 kΩ 负载电阻。双踪示波器 XSC1 的 A 通道测量输入信号,B 通道测量电阻 R_1 上的输出信号。开启仿真开关,用示波器观察输入、输出端波形。双踪示波器 XSC1 的 A 通道和 B 通道的输入信号和输出信号波形如图 6.2 所示。由图可知,当输入正弦信号时,经过二极管后输出信号为单向脉动电压。

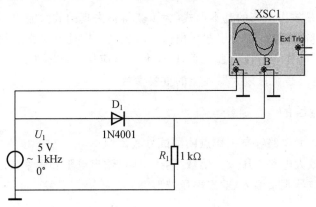

图 6.1　二极管的测试电路

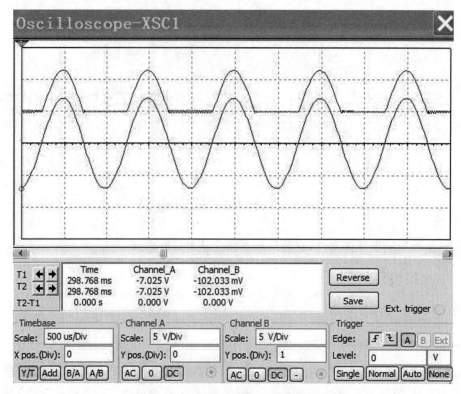

图 6.2　二极管电路输入／输出波形

6.2　双极型晶体管基本放大电路

　　单管放大电路是放大电路的基本形式,为了获得不失真的放大输出,需设置合适的静态工作点,静态工作点过高或过低都会引起输出信号的失真。即使有了合适的静态工作点,当输入信号的幅度过大时,同样会出现失真。所以,放大电路应保证在不失真的前提下。此外,放大电路的输入、输出电阻是衡量放大器性能的重要参数。

6.2.1　实验目的

　　(1)掌握单管放大电路静态工作点的测试方法。
　　(2)学会单管放大电路电压放大倍数、输入电阻、输出电阻和频率特性的测试方法。
　　(3)熟悉用示波器观察输入、输出电压波形。

6.2.2　实验内容

　　分压偏置共射基本放大电路如图 6.3 所示。

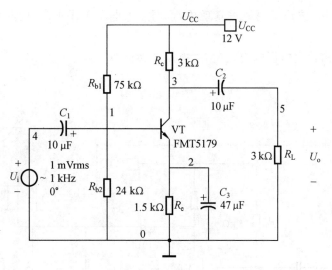

图 6.3 单管放大电路

1. 静态分析

去掉输入信号和电容,得到分压偏置共射基本放大电路的直流通路如图6.4所示。采用3个万用表XMM1~XMM3测量放大电路的静态工作点。XMM1、XMM2设置为直流电流表,测量晶体管基极电流 I_{BQ} 和集电极电流 I_{CQ}。XMM3 设置为直流电压表,测量晶体管的管压降 U_{CEQ}。开启仿真开关后,记录万用表的测量结果,可得 $I_{BQ}=10.214\ \mu A$、$I_{CQ}=1.31\ mA$、$U_{CEQ}=6.09\ V$。由于 $U_{CEQ}>U_{BEQ}$,保证了晶体管工作在放大状态。

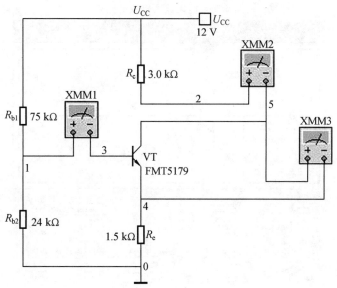

图 6.4 静态工作点的测量

2. 动态分析

(1) 电压放大倍数的测量。

在图 6.3 中接入示波器 XSC1 和万用表 XMM1,XMM1 设置为交流电压表,得到电压放大倍数的测量电路如图 6.5 所示,用示波器 XSC1 观察输入与输出电压波形,示波器的 A 通道接放大电路的输入端,B 通道接放大电路的输出端,开启仿真开关,打开示波器,得到的波形如图

6.6所示。由图可见,波形无明显失真现象,说明放大电路工作正常,同时可见输入波形与输出波形反相。

从 XMM1 读出输出电压的有效值,则电压放大倍数

$$\dot{A}_u = \frac{\dot{U}_o}{\dot{U}_i} = -\frac{65.772 \text{ mV}}{1 \text{ mV}} \approx -65.8$$

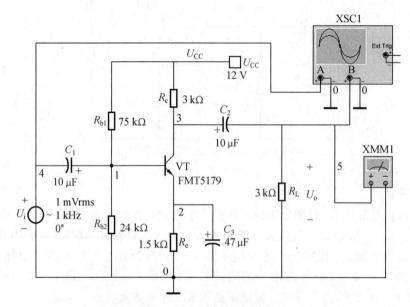

图 6.5　电压放大倍数的测量

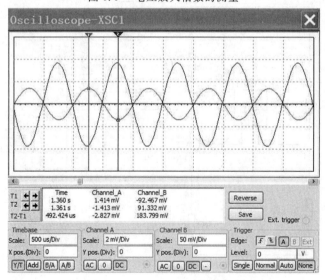

图 6.6　输入电压和输出电压波形

（2）输入电阻的测量。

输入电阻的测量电路如图 6.7 所示。两块虚拟万用表 XMM1 和 XMM2 分别设置为交流电流表和交流电压表，分别测量放大电路的输入电流和输入电压，则输入电阻

$$R_i = \frac{\dot{U}_i}{\dot{I}_i} = \frac{999.996\ \mu V}{435.573\ nA} \approx 2.3\ k\Omega$$

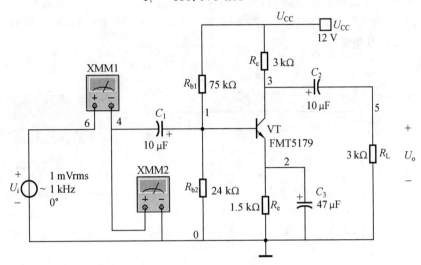

图 6.7　输入电阻测量电路

（3）输出电阻的测量。

输出电阻的测量电路如图 6.8 所示，两块虚拟万用表 XMM1 和 XMM2 分别设置为交流电流表和交流电压表，分别测量放大电路空载输出电压 $\dot{U}_o'$、负载电压 $\dot{U}_o$ 和负载电流 $\dot{I}_o$，则输出电阻

$$R_o = \frac{\dot{U}_o' - \dot{U}_o}{\dot{I}_o} = \frac{125.959\ mV - 65.763\ mV}{21.925\ \mu A} \approx 2.7\ k\Omega$$

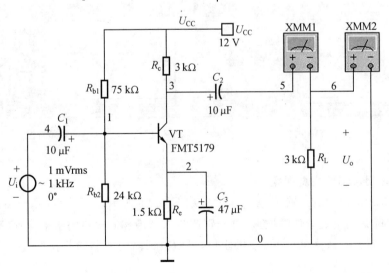

图 6.8　输出电阻测量电路

3. 频率特性的测量

频率特性测量电路如图 6.9 所示,在波特图仪的控制面板上,设定垂直轴的终值 F 为 100 dB,初值 I 为 -200 dB;水平轴的终值 F 为 10 GHz,初值 I 为 1 MHz,且垂直轴和水平轴的坐标全设为对数坐标(Log)。该放大电路的幅频特性曲线如图 6.10(a) 所示,相频特性曲线如图 6.10(b) 所示。将游标移到中频段,测得电压放大倍数为 36.472 dB,然后再左移、右移游标找出电压放大倍数下降 3 dB 时所对应的下限截止频率 $f_L = 167.396$ Hz 和上限截止频率 $f_H = 126.025$ MHz,则通频带

$$BW = f_H - f_L \approx 126 \text{ MHz}$$

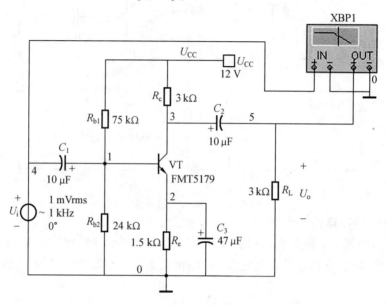

图 6.9 频率特性的测量

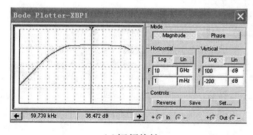

(a)幅频特性

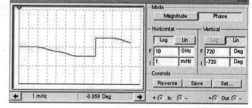

(b)相频特性

图 6.10 频率特性的测量结果

4. 观察输出波形的失真现象

将图 6.3 中的电阻 R_{b1} 换成电位器 R_w,如图 6.11 所示。调小 Time base,选择合适的 V/Div 挡,使屏幕上出现清晰的波形,再分别调节 A 通道和 B 通道的水平位置(Y Position),使两路波形上下错开。改变电位器 R_w 的阻值,可观察到输出波形的截止失真和饱和失真现象,如图 6.12 所示。

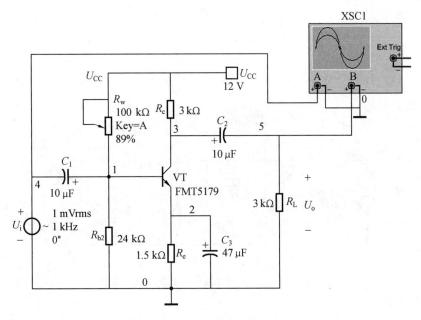

图 6.11　观察失真现象的测试电路

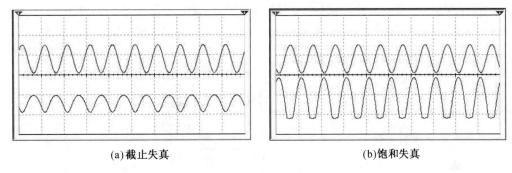

(a)截止失真　　　　　　　　　　　　　　　(b)饱和失真

图 6.12　非线性失真

6.3　场效应管基本放大电路

实际应用场合中,有时信号源非常微弱且内阻较大,只能提供微安级甚至更小的信号电流。因此,只有在放大电路的输入电阻很大时,才能有效地获得信号电压。场效应管具有很高的输入电阻,适合做放大电路的输入级。

6.3.1　实验目的

(1)掌握场效应管放大电路静态工作点的测试方法。
(2)学会场效应管放大电路电压放大倍数、输入电阻、输出电阻和频率特性的测试方法。
(3)熟悉用示波器观察输入、输出电压波形。

6.3.2　实验内容

在 Multisim 中创建分压－自偏压单管共源基本放大电路,如图 6.13 所示,电路中场效应管选用 2N7000。

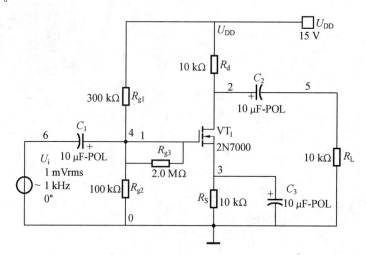

图 6.13 分压—自偏压共源基本放大电路

1. 静态分析

去掉输入信号和电容,在仿真电路中加入三个万用表 XMM1 ~ XMM3,如图 6.14 所示,将 XMM1、XMM2 设置为直流电流表,XMM3 设置为直流电压表,开启仿真开关后,记录万用表的测量结果,可得 $U_{GSQ} = 2.08$ V,$I_{DQ} = 325.073$ μA,$U_{DSQ} = 10.079$ V。

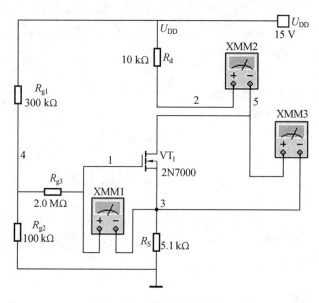

图 6.14 测量静态工作点

2. 动态分析

(1) 电压放大倍数的测量。

在图 6.13 中接入虚拟示波器 XSC1 和虚拟万用表 XMM1,XMM1 设置为交流电压表,得到电压增益的测量电路如图 6.15 所示,用示波器观察输入与输出波形,如图 6.16 所示,发现波形无明显非线性失真且输入与输出反相,从 XMM1 读出输出电压的有效值,则电压放大倍数

$$\dot{A}_{u} = \frac{\dot{U}_{o}}{\dot{U}_{i}} = -\frac{29.096 \text{ mV}}{1 \text{ mV}} \approx -29$$

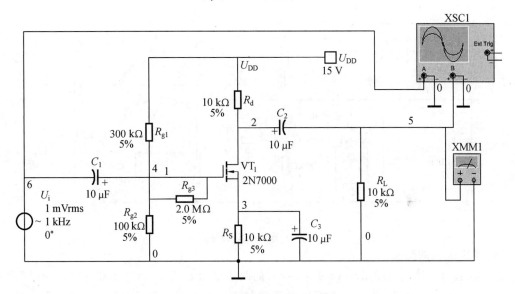

图 6.15　测量电压放大倍数

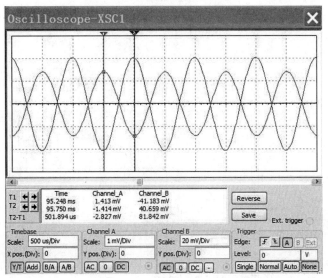

图 6.16　输入波形和输出波形

（2）输入电阻的测量。

输入电阻的测量电路如图 6.17 所示，接入的两块万用表 XMM1 和 XMM2 分别设置为交流电流表和交流电压表。开始仿真，分别从电压表和电流表读取数据，则输入电阻

$$R_{i} = \frac{\dot{U}_{i}}{\dot{I}_{i}} = \frac{999.996 \text{ } \mu\text{V}}{1.08 \text{ nA}} \approx 926 \text{ k}\Omega$$

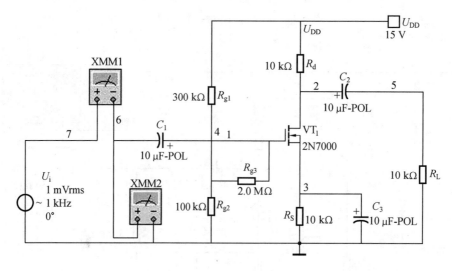

图 6.17　输入电阻的测量

（3）输出电阻的测量。

输出电阻的测量电路如图 6.18 所示，接入的两块虚拟万用表 XMM1 和 XMM2 分别设置为交流电流表和交流电压表。开始仿真，分别测量空载电压 $\dot{U}_o'$、负载电压 $\dot{U}_o$ 和负载电流 $\dot{I}_o$，记录读数，则输出电阻

$$R_o = \frac{\dot{U}_o' - \dot{U}_o}{\dot{I}_o} = \frac{58.061 \text{ mV} - 29.079 \text{ mV}}{2.906 \text{ } \mu\text{A}} \approx 9.97 \text{ k}\Omega$$

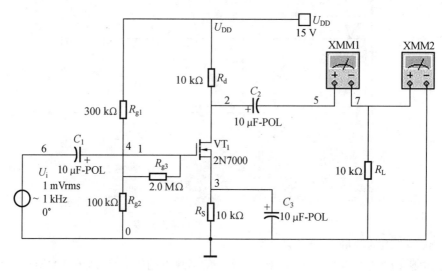

图 6.18　输出电阻的测量

（4）频率特性的测量。

频率特性测量电路如图 6.19 所示，在波特图仪的控制面板上，设定垂直轴的终值 F 为 100 dB，初值 I 为 −200 dB，水平轴的终值 F 为 1 GHz，初值 I 为 1 MHz，且垂直轴和水平轴的坐标全设为对数方式（Log），观察到的幅频特性曲线如图 6.20（a）所示，相频特性曲线如图 6.20（b）所示。将游标移到中频段，测得电压增益为 29 dB，然后再左移、右移游标找出电压增益下降 3 dB 时所对应的下限和上限截止频率。则通频带

$$BW = f_H - f_L = 1.605\ \text{MHz} - 96.895\ \text{Hz} \approx 1.6\ \text{MHz}$$

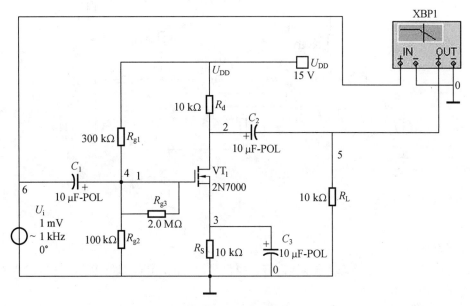

图 6.19　频率特性的测量

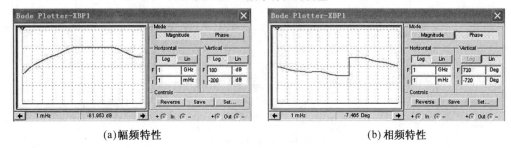

(a)幅频特性　　　　　　　　　　　　(b)相频特性

图 6.20　频率特性的测量结果

6.4　差分放大电路

差分放大电路是由两个电路参数完全相同的单管放大电路,通过发射极耦合在一起构成的对称式放大电路,具有两个输入端和两个输出端。本节将通过示波器来验证差分放大电路的特性。

6.4.1　实验目的

(1)学会差分放大电路静态工作点的测量方法。
(2)掌握差分放大电路差模电压放大倍数的测量方法。
(3)掌握差分放大电路共模电压放大倍数及共模抑制比的测量方法。

6.4.2　实验内容

在 Multisim 中,创建双端输入、单端输出的差分放大电路如图 6.21 所示,晶体管型号为 2N3903,其 $\beta = 416.4$。设输入正弦信号,频率为 1 kHz,有效值为 30 mV。

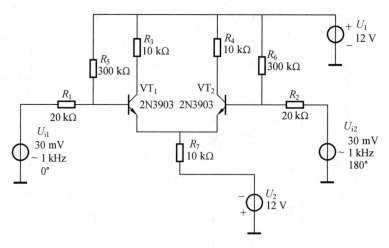

图 6.21　差分放大电路

1.静态分析

测量差动放大电路静态工作点时,需去掉信号源,并在图6.21中接入万用表XMM1～3,测量电路如图6.22所示。

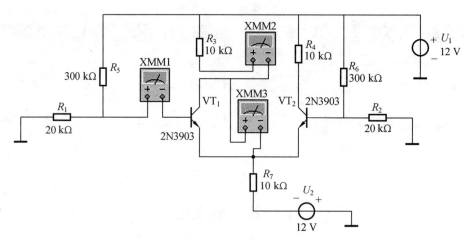

图 6.22　差分放大电路静态工作点的测量

通过测量可知该电路的静态工作点为

$$I_{BQ} = 8.993\ \mu A$$

$$I_{CQ} = 589.75\ \mu A$$

$$U_{CEQ} = 6.171\ V$$

由于 $U_{CEQ} > U_{BEQ}$,晶体管工作在放大状态。

2.动态分析

(1)差模电压放大倍数。

用示波器观察图6.21所示电路的输出波形。若从 C_1 输出,则输出电压与输入电压反相,若从 C_2 输出,则输出电压与输入电压同相。连入示波器A通道连信号源 U_{i1},B通道连 VT_1 管的集电极 C_1,如图6.23所示,得到的输入和输出波形如图6.24所示。在输出信号不失真的情况下,拖动标尺1和2进行测量,读出输入输出电压峰—峰值,则双端输入单端输出时差模电

压放大倍数为

$$\dot{A}_{ud} = \frac{u_{od}}{u_{id}} = \frac{u_{od1}}{2u_{id1}} = -\frac{1}{2} \times \frac{2.529 \text{ V}}{0.084 \ 805 \text{ V}} \approx -14.9$$

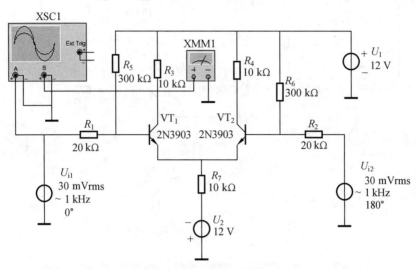

图 6.23　差模电压放大倍数的测量电路

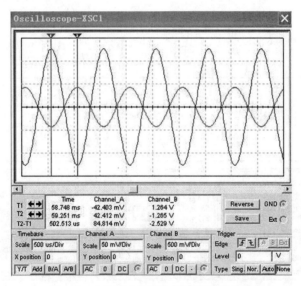

图 6.24　差模电压放大倍数的测量结果

（2）共模电压放大倍数及共模抑制比。

共模电压放大倍数及共模抑制比的测量电路如图 6.25 所示，测量结果如图 6.26 所示。由测量结果可知，双端输入单端输出时共模电压放大倍数和共模抑制比分别为

$$\dot{A}_{uc} = \frac{u_{oc}}{u_{ic}} = \frac{u_{oc1}}{u_{ic1}} = \frac{256.265 \text{ mV}}{565.291 \text{ mV}} \approx -0.45$$

$$K_{CMR} = \left| \frac{A_{ud}}{A_{uc}} \right| = \left| \frac{-14.9}{-0.45} \right| \approx 33$$

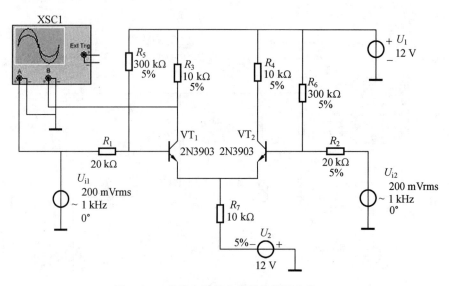

图 6.25　共模电压放大倍数的测量电路

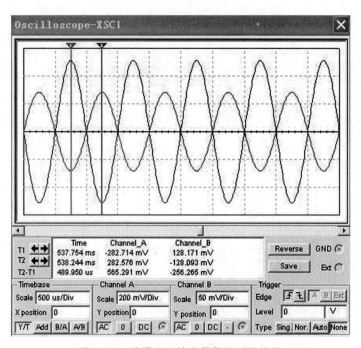

图 6.26　共模电压放大倍数的测量结果

6.5　功率放大电路

　　功率放大电路的任务是对信号进行功率放大,提供不失真且功率足够大的信号,以驱动负载工作,功率放大电路除了有较大的输出功率外,还应该有较高的效率。目前广泛采用互补对称功率放大电路。

6.5.1　实验目的

(1) 学会测量甲乙类、乙类功率放大电路的输出功率、输入功率,并计算效率。

(2) 观察乙类功率放大电路的交越失真,学习消除失真的方法。

6.5.2　实验内容

1. 乙类互补对称功率放大电路

在 Multisim 中,创建乙类互补对称功率放大电路如图 6.27 所示,晶体管的型号为 2SC2001 和 2SA952。2SC2001 的参数为:$I_{CM}=700$ mA,$\beta=50$,$P_T=600$ mW,$U_{(BR)CEO}=25$ V,$U_{CES}=0.2$ V;2SA952 的参数为:$I_{CM}=-700$ mA,$\beta=50$,$P_T=600$ mW,$U_{(BR)CEO}=-25$ V,$U_{CES}=-0.25$ V。

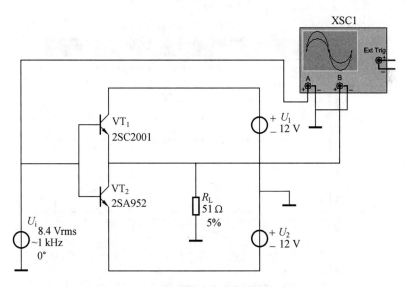

图 6.27　乙类互补对称功率放大电路

(1) 电压放大倍数。

乙类互补对称功率放大电路的电压放大倍数参数测量如图 6.28 所示,输入输出波形测量结果如图 6.29 所示。通过测试可知,电压放大倍数为

$$\dot{A}_u=\frac{\dot{U}_o}{\dot{U}_i}=\frac{7.735\ \text{V}}{8.4\ \text{V}}\approx 0.92$$

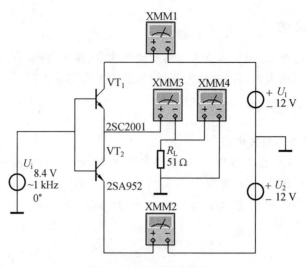

图 6.28　电路参数测量

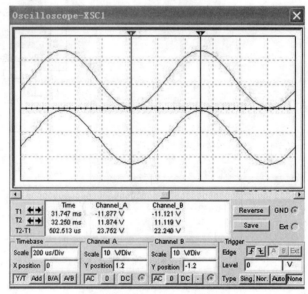

图 6.29　乙类互补对称功率放大电路输入输出波形

（2）效率。

直流电源的电流

$$I_{CC1} = 66.653 \ \text{mA}$$

$$I_{CC2} = 66.886 \ \text{mA}$$

直流电源功率

$$P_V = (I_{CC1} + I_{CC2}) \times V_{CC} = (66.635 \ \text{mA} + 66.886 \ \text{mA}) \times 12 \ \text{V} \approx 1.6 \ \text{W}$$

负载功率

$$P_o = U_o \times I_o = 7.735 \ \text{V} \times 151.662 \ \text{mA} \approx 1.17 \ \text{W}$$

效率

$$\eta = \frac{P_o}{P_V} \times 100\% = \frac{1.17 \ \text{W}}{1.6 \ \text{W}} \times 100\% \approx 73.1\%$$

2. 甲乙类互补对称功率放大电路

观察图 6.29,乙类互补对称功率放大电路的输出存在交越失真。为了改善乙类互补对称功率放大电路的输出波形,对电路进行改进,在两个晶体管的基极之间加入两个二极管,并使之正向偏置。这样两个晶体管在静态时均处于微导通状态,成为甲乙类互补对称功率放大电路,如图 6.30 所示。观察其输入输出波形,如图 6.31 所示,消除了交越失真。

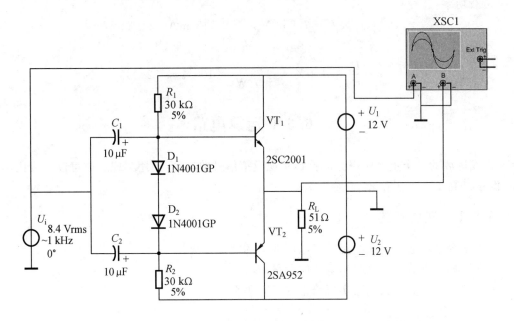

图 6.30   甲乙类互补对称功率放大电路

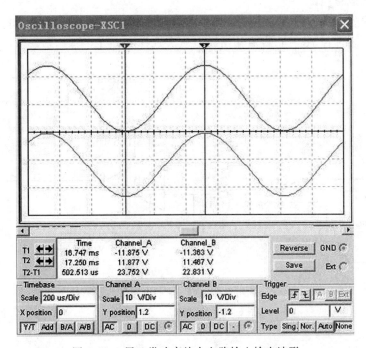

图 6.31   甲乙类功率放大电路输入输出波形

通过测试可知,电压放大倍数为

$$\dot{A}_u = \frac{U_o}{U_i} = \frac{7.953 \text{ V}}{8.4 \text{ V}} \approx 0.95$$

直流电源功率

$$P_V = (I_{CC1} + I_{CC2}) \times V_{CC} = (74.042 \text{ mA} + 64.999 \text{ mA}) \times 12 \text{ V} \approx 1.7 \text{ W}$$

负载功率

$$P_o = U_o \times I_o = 7.953 \text{ V} \times 155.945 \text{ mA} \approx 1.24 \text{ W}$$

效率

$$\eta = \frac{P_o}{P_V} \times 100\% = \frac{1.24 \text{ W}}{1.7 \text{ W}} \times 100\% \approx 72.9\%$$

6.6 运算电路

集成运放的一个重要应用方面就是实现模拟信号的运算,使用集成运放可以组成比例、求和、积分和微分运算电路。

6.6.1 实验目的

(1)学会基本运算放大电路输出电压波形的观察方法。
(2)掌握运算放大电路输出电压的测量方法。
(3)学会用运算放大电路实现给定的运算关系。

6.6.2 实验内容

1.反相比例运算电路

反相比例去处电路如图 6.32 所示,分别测量两种输入信号对应的输出电压。注意,测量交流输出时电压表选择 AC 挡,直流输出时电压表选择 DC 挡。

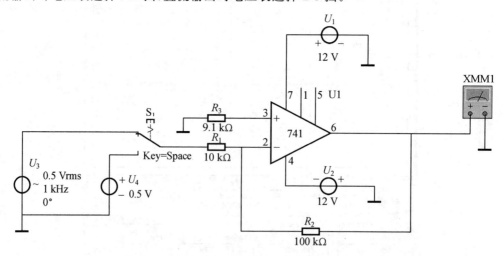

图 6.32 反相比例运算电路

2. 同相比例运算电路

同相比例运算电路如图 6.33 所示,测量直流输入信号对应的直流输出电压。

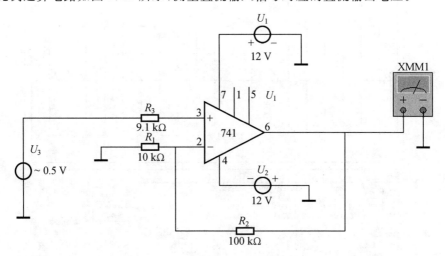

图 6.33　同相比例运算电路

3. 积分运算电路

由集成运算放大器构成的积分运算电路如图 6.34 所示,输入信号由信号发生器产生,频率为 1 kHz、幅值为 2 V,方波信号。将示波器接在放大电路的输入和输出端,观察电压波形,如图 6.35 所示。

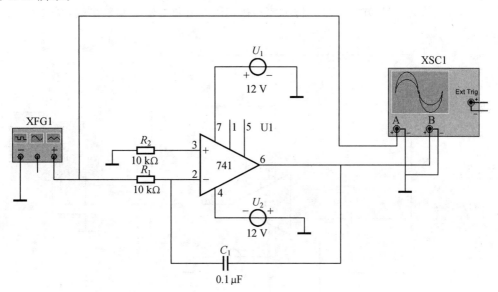

图 6.34　积分运算电路

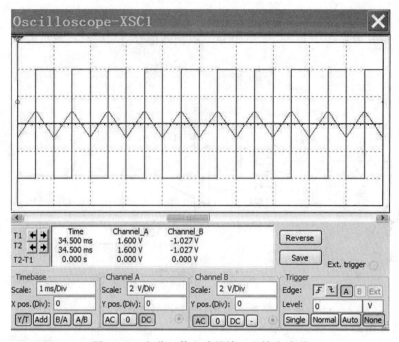

图 6.35　积分运算电路的输入和输出波形

4.微分运算电路

由集成运算放大器构成的微分运算电路如图 6.36 所示,输入信号由信号发生器产生,频率为 1 kHz、幅值为 2 V,方波信号。将示波器接在放大电路的输入和输出端,观察电压波形,如图 6.37 所示。

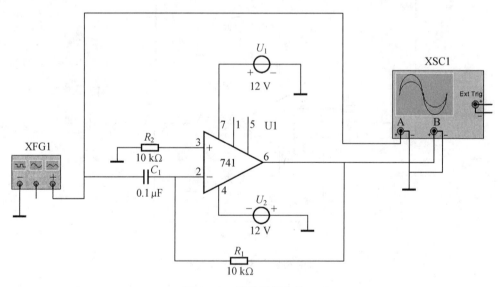

图 6.36　微分运算电路

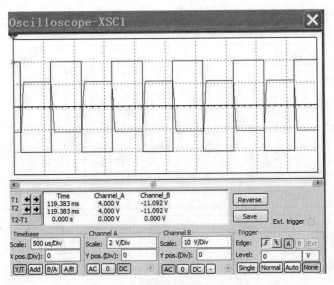

图 6.37　微分运算电路的输入和输出波形

6.7　电压比较器

电压比较器的作用是比较输入电压和参考电压,当运算放大器构成比较器时,运放工作在非线性区。

6.7.1　实验目的

学会用运算放大器构成电压比较器。

(1) 观察过零比较器的电压传输特性及输入、输出波形。

(2) 观察滞回比较器的电压传输特性及输入、输出波形。

6.7.2　实验内容

1.过零比较器

按图 6.38 连接过零比较器电路,输入信号为正弦波,用示波器观察输入和输出电压波形,结果如图 6.39 所示。

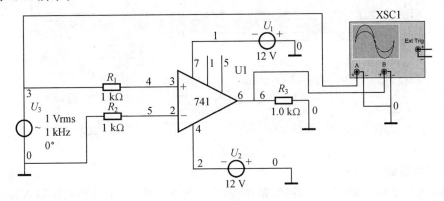

图 6.38　过零比较器

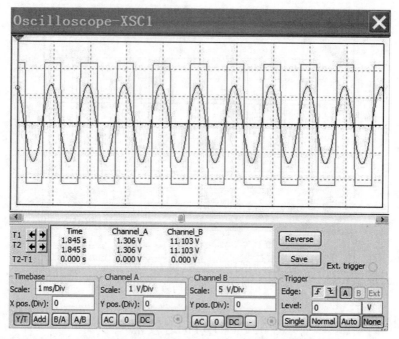

图 6.39　过零比较器的输入和输出电压波形

　　将示波器的工作方式设置成 B/A 方式,可以观察过零比较器的电压传输特性,如图 6.40 所示。由图可见,当输入电压大于零时,输出电压为正向饱和值 11.103 V;当输入电压小于零时,输出电压为负向饱和值－11.103 V。

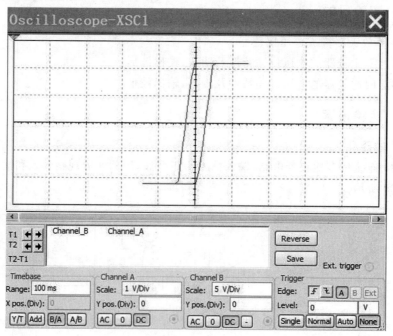

图 6.40　过零比较器的电压传输特性

2.滞回比较器

　　按图 6.41 所示连接滞回比较器电路,输入信号为正弦波,用示波器观察输入和输出电压波形,结果如图 6.42 所示。

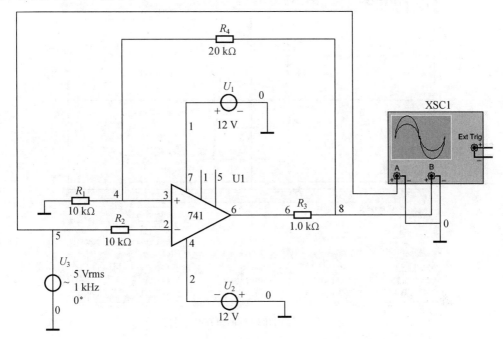

图 6.41　滞回比较器

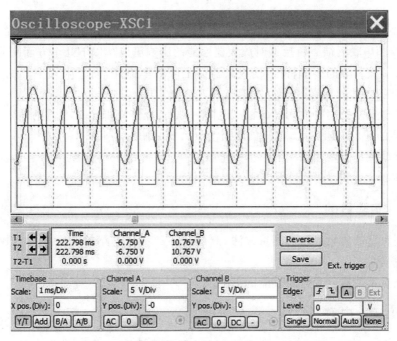

图 6.42　滞回比较器的输人和输出电压波形

　　将示波器的工作方式设置成 B/A 方式,可以观察过零比较器的电压传输特性,如图 6.43 所示。

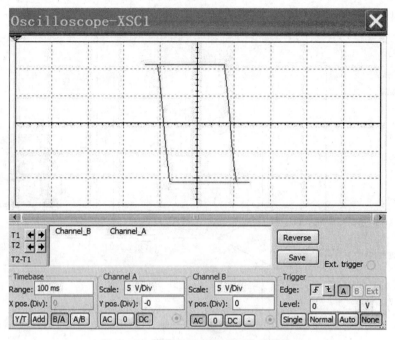

图 6.43　滞回比较器的电压传输特性

6.8　负反馈放大电路

负反馈放大电路按输出的取样方式可以分为电压反馈和电流反馈,按输入的比较方式可分为并联反馈和串联反馈。负反馈对放大器性能的影响可以从以下几个方面来分析:

(1) 改善了放大器的频率特性,使放大器的上限频率提高,而下限频率降低,从而展开了带宽,但带宽展开的同时降低了放大倍数。

(2) 串联负反馈提高了放大器的输入电阻,并联负反馈降低了放大器的输入电阻;电流负反馈使放大器的输出电阻增大,电压负反馈使放大器的输出电阻减小。

(3) 负反馈减小了本级放大器内部的非线性失真,抑制了环内噪声和干扰。本节将以电压串联负反馈放大电路为例,利用虚拟仪器观测负反馈对放大电路性能的影响。

6.8.1　实验目的

(1) 掌握负反馈放大电路的测量方法,测量开环和闭环电路的电压放大倍数、输入电阻、输出电阻和频率特性。

(2) 研究负反馈对放大电路性能的影响。

6.8.2　实验内容

在 Multisim 中构建如图 6.44 所示的电压串联负反馈放大电路,晶体管 VT_1、VT_2 的型号为 FMMT5179,电流放大系数 $\beta=133$。输入电压信号的有效值为 1 mV,频率为 1 kHz。

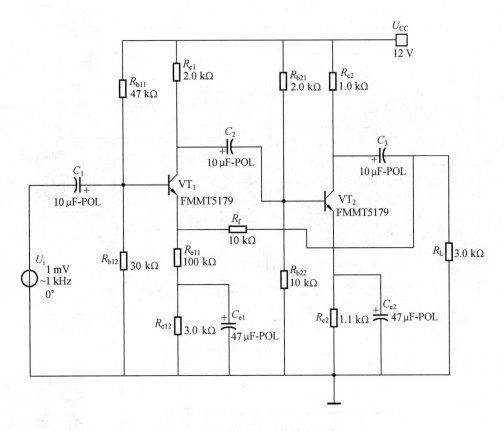

图 6.44　电压串联负反馈放大电路

1.电压放大倍数的测量

开环电压放大倍数和闭环电压放大倍数测量电路如图 6.45 和图 6.46 所示。在反馈电阻 R_f 断开和连接两种情况下,用虚拟示波器 XSC1 观察输入和输出电压信号。在输出电压信号不失真的条件下,用虚拟万用表 XMM1 测量输出电压信号的有效值,则放大电路的开环电压放大倍数 $\dot{A}_{uu}$ 和闭环电压放大倍数 $\dot{A}_{uuf}$ 分别为

$$\dot{A}_{uu} = \frac{\dot{U}_o}{\dot{U}_i} = \frac{345.901 \text{ mV}}{1 \text{ mV}} \approx 346$$

$$\dot{A}_{uuf} = \frac{\dot{U}_o}{\dot{U}_i} = \frac{77.797 \text{ mV}}{1 \text{ mV}} \approx 78$$

由图 6.44 所示电压串联负反馈放大电路可知,其反馈系数为

$$\dot{F}_{uu} = \frac{R_{e11}}{R_f + R_{e11}} = \frac{100 \text{ }\Omega}{10\ 000 \text{ }\Omega + 100 \text{ }\Omega} \approx 0.01$$

由以上分析可知,引入电压串联负反馈后放大电路的闭环电压放大倍数大约为开环电压放大倍数的 $1/(1 + \dot{A}_{uu}\dot{F}_{uu})$。

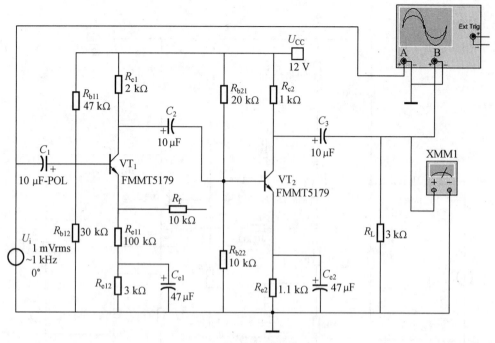

图 6.45　开环电压放大倍数的测量电路

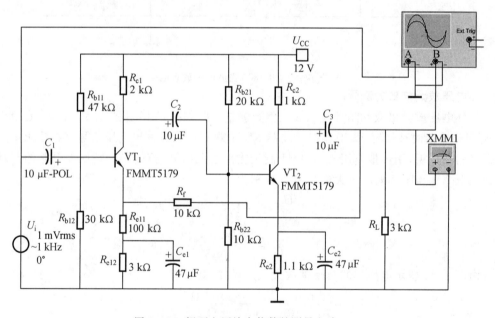

图 6.46　闭环电压放大倍数的测量电路

2.频率特性

用波特图仪测量如图 6.44 所示电路的频率特性的仿真电路如图 6.47 所示。在反馈电阻 R_f 断开和连接两种情况下,放大电路的开环和闭环电路幅频特性如图 6.48(a) 和图 6.48(b) 所示。经测量,放大电路的开环带宽约为 5 MHz、闭环带宽约为 22.7 MHz。引入负反馈后,放大电路的闭环带宽约为开环带宽的 $(1 + \dot{A}_{uu}\dot{F}_{uu})$ 倍。

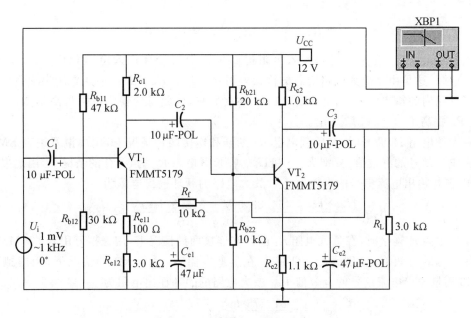

图 6.47　频率特性的测量电路

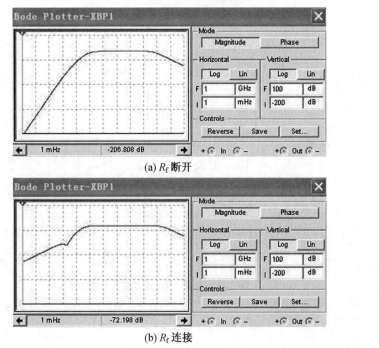

(a) R_f 断开

(b) R_f 连接

图 6.48　频率特性的测量结果

3. 输入电阻和输出电阻

图 6.44 所示电路输入电阻的测量电路如图 6.49 所示。在反馈电阻 R_f 断开和连接两种情况下，在输出电压信号不失真的条件下，用虚拟万用表 XMM1 测量输入电流信号的有效值，则放大电路的开环输入电阻 R_i 和闭环输入电阻 R_{if} 分别为

$$R_i = \frac{\dot{U}_i}{\dot{I}_i} = \frac{1 \text{ mV}}{122.5 \text{ nA}} \approx 8.16 \text{ k}\Omega$$

$$R_{if} = \frac{\dot{U}_i}{\dot{I}_i} = \frac{1 \text{ mV}}{71.7 \text{ nA}} \approx 13.9 \text{ k}\Omega$$

引入负反馈后,放大电路的输入电阻提高了。但与开环输入电阻相比,没有提高($1 + \dot{A}_{uu}\dot{F}_{uu}$)倍。这是由于放大电路中总的输入电阻 $R_i = R_i' // R_{b1} // R_{b2}$,引入电压串联负反馈只是提高了环路内的输入电阻 R_{if}',而 R_{b1} 和 R_{b2} 不受影响,因此总的输入电阻提高不多,不难计算 R_{if}' 较 R_i' 提高了($1 + \dot{A}_{uu}\dot{F}_{uu}$)倍。

在反馈电阻 R_f 断开时,在负载电阻 R_L 断开和连接两种情况下,用虚拟万用表 XMM3 测量输出电压信号的有效值,分别为 U_o' 和 U_o。在负载电阻 R_L 为 3 kΩ 的情况下,用虚拟万用表 XMM3 测量输出电流信号的有效值 I_o。放大电路的开环输出电阻为

$$R_o = \frac{\dot{U}_o' - \dot{U}_o}{\dot{I}_o} = \frac{454.03 \text{ mV} - 345.877 \text{ mV}}{115.318 \text{ }\mu\text{A}} \approx 938 \text{ }\Omega$$

反馈电阻 R 连接时,在负载电阻 R_L 断开和连接两种情况下,用虚拟万用表 XMM3 测量输出电压信号的有效值,分别为 U_o' 和 U_o。在负载电阻 R_L 为 3 kΩ 的情况下,用虚拟万用表 XMM3 测量输出电流信号的有效值 I_o。放大电路的闭环输出电阻为

$$R_{of} = \frac{\dot{U}_o' - \dot{U}_o}{\dot{I}_o} = \frac{81.473 \text{ mV} - 77.796 \text{ mV}}{25.944 \text{ }\mu\text{A}} \approx 142 \text{ }\Omega$$

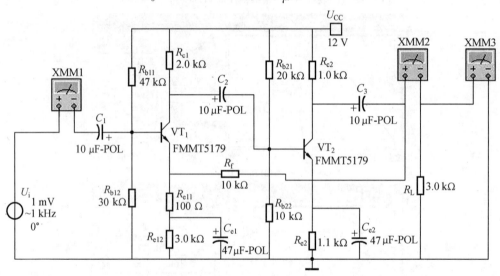

图 6.49 输入电阻和输出电阻的测量电路

引入负反馈后,放大电路的闭环输入电阻约为开环输入电阻的($1 + \dot{A}_{uu}\dot{F}_{uu}$)倍,放大电路的闭环输出电阻约为开环输出电阻的 $1/(1 + \dot{A}_{uu}\dot{F}_{uu})$。

6.9 RC 正弦波振荡电路

正弦波振荡电路有很多形式,本节以 RC 振荡电路为例分析振荡电路元件对输出波形的影响。

6.9.1 实验目的

(1) 学会用运算放大器构成正弦波振荡电路。

（2）掌握正弦波周期的测量方法并计算频率。

6.9.2　实验内容

按图 6.50 所示电路构建 RC 文氏桥正弦波振荡电路。示波器的 A 通道测量输出电压（$\dot{U}_\circ$）波形，B 通道测量运算放大器同相输入端电压（$\dot{U}_f$）波形。

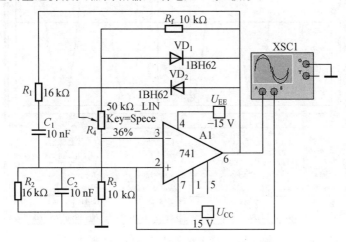

图 6.50　RC 文氏桥正弦波振荡电路

当电位器 R_4 的下半部分百分比在 31% 时，即 $1+(R_4+R_f//r_D)/R_3$ 略大于 3 时，电路起振。起振过程 $\dot{U}_\circ$ 和 $\dot{U}_f$ 的波形如图 6.51 所示。这在实际实验中很难观察到，而在 Multisim 中很容易得到。由于 R_4 小，因此起振时间较长，稳态时的输出电压不大。增大电位器 R_4 的下半部分百分比至 36%，得到不失真的稳态输出电压如图 6.52 所示。当电位器 R_4 的下半部分百分比在 38% 时，输出电压波形已发生明显失真。

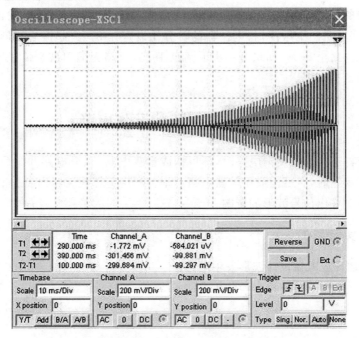

图 6.51　起振过程中的 $\dot{U}_\circ$ 和 $\dot{U}_f$ 的波形

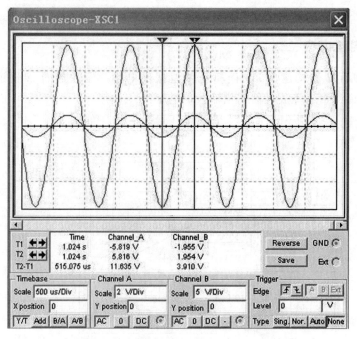

图 6.52　稳定状态时 $\dot{U}_\text{o}$ 和 $\dot{U}_\text{f}$ 的波形

根据图 6.52 可知,输出正弦波的周期约为 1.02 ms,因此振荡频率约为 980 Hz,理论计算振荡频率 $f_0 = \dfrac{1}{2\pi RC} \approx 995$ Hz,与仿真结果相差不多。

反馈系数为反馈电压与输出电压的峰 — 峰值之比,得

$$\dot{F} = \frac{\dot{U}_\text{f}}{\dot{U}_\text{o}} = \frac{3.91 \text{ V}}{11.635 \text{ V}} \approx 0.336$$

降低电位器的下半部分百分比,输出波形的幅值降低,仍能维持振荡,输出正弦波。如果去掉二极管,为使电路产生振荡,将电位器的百分比设置在 21%,起振后波形出现失真,为此下调电位器的百分比至 20%,如果进一步下调至 19%,电路无输出波形。说明加入反并联二极管确实能起到稳幅作用。

6.10　非正弦波发生电路

当运算放大器连接成负反馈电路时,即可构成运算电路、积分电路和微分电路等,当运算放大器连接成正反馈时,即可构成比较器电路。本节利用运算放大器构成非正弦波发生电路,并观测电路参数对输出信号波形的影响。

6.10.1　实验目的

(1) 学会用运算放大器设计波形发生电路。

(2) 掌握波形发生电路的特点和分析方法。

6.10.2   实验内容

1. 矩形波发生电路

构建占空比可调的矩形波发生电路,如图 6.53 所示。当电位器 R_W 的滑动端在中间位置时,输出电压波形为正负半周对称的方波信号,电容 C 上的电压波形,如图 6.54(a) 所示。此时矩形波的幅度 $U_{OM}=5.171$ V,振荡周期 $T=1.075$ ms,振荡频率 $f_0 \approx 930$ Hz。将电位器 R_W 的上半部分百分比设定为 80% 时,输出矩形波如图 6.54(b) 所示。矩形波的振荡周期不变,$T_1=693\ \mu s$,$T_2=382\ \mu s$,占空比 $D=\dfrac{T_1}{T_1+T_2}\times100\% \approx 64.5\%$。将电位器 R_W 的上半部分百分比设定为 20% 时,输出矩形波如图 6.54(c) 所示。矩形波的振荡周期不变,$T_1=382\ \mu s$,$T_2=693\ \mu s$,占空比 $D=\dfrac{T_1}{T_1+T_2}\times100\% \approx 35.5\%$。

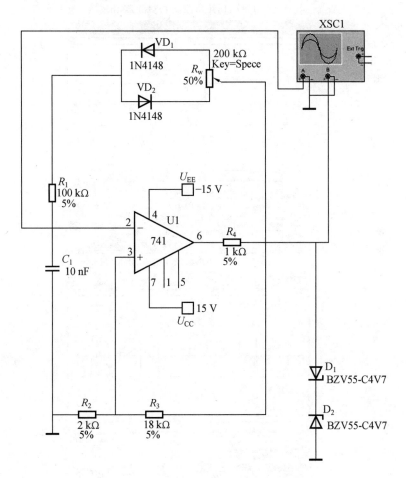

图 6.53   占空比可调的矩形波发生电路

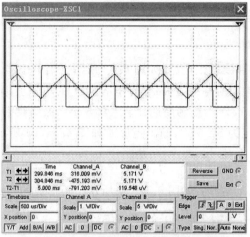

(a)$T_1=T_2$时矩形波发生电路的输出波形

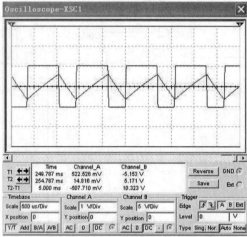

(b)$T_1>T_2$时矩形波发生电路的输出波形

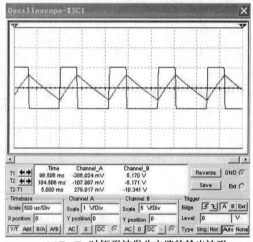

(c)$T_1<T_2$时矩形波发生电路的输出波形

图6.54　占空比可调的矩形波发生电路波形

2.三角波发生电路

三角波发生电路如图 6.55 所示。示波器的通道 A 所测量的滞回比较器的输出波形为正负半周对称的矩形波,通道 B 所测量的输出波形为正负半周对称的三角波,如图 6.56 所示。三角波的输出幅度 $U_{OM} = 2.899$ V,振荡周期 $T = 1.166$ ms,振荡频率 $f_0 \approx 858$ Hz。

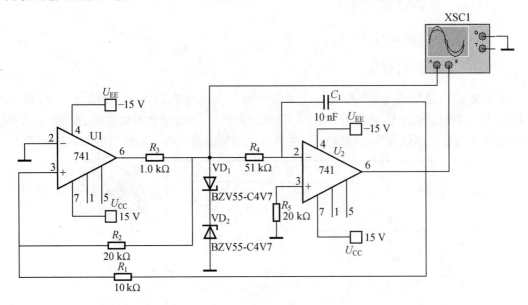

图 6.55 三角波发生电路

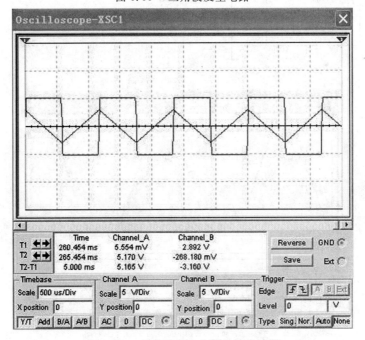

图 6.56 三角波发生电路的输出波形

6.11 有源滤波电路

6.11.1 实验目的

研究有源滤波器滤波性能。

6.11.2 实验内容

低通滤波电路如图 6.57 所示。电路包含两个交流电压源,一个幅值为 1 V,频率为 1 kHz,另一个幅值为 5 V,频率为 50 Hz。打开仿真开关,示波器波形如图 6.58 所示。A 通道所连波形为两个交流信号源叠加信号,B 通道所连的输出波形将 1 kHz 信号基本滤除了。

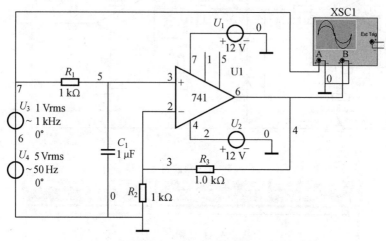

图 6.57 低通滤波器

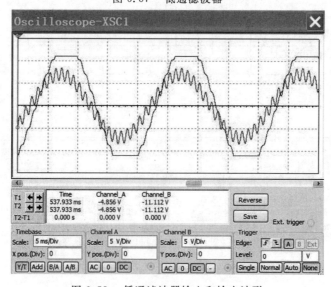

图 6.58 低通滤波器输入和输出波形

6.12　串联稳压电源

整流滤波电路利用二极管的单向导电性,把交流电压变换成脉动很小的直流电压,而稳压电路的作用是使输出的直流电压在电网电压或负载发生变化时保持稳定。

6.12.1　实验目的

研究串联型稳压电源的工作原理。掌握线性稳压电源的构成、各部分的作用以及参数的意义和计算方法。

6.12.2　实验内容

串联型稳压电源包含四个部分:变压、整流、滤波和稳压,如图 6.59 所示。

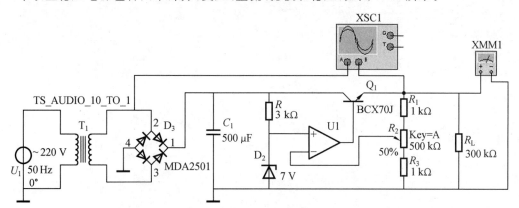

图 6.59　串联型稳压电源

稳压电源的交流输入电压和直流输出电压的波形如图 6.60 所示。

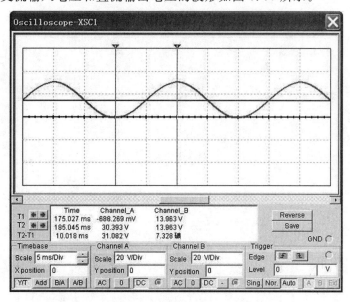

图 6.60　直流稳压电源的输入、输出电压波形

调节电位器 R_2 的滑动端,测量稳压电源的直流输出电压 U_o 的最大值与最小值,结果如图 6.61 所示。

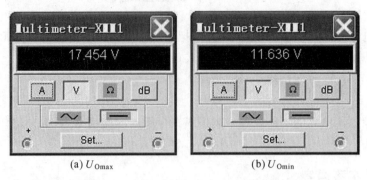

(a) U_{Omax} (b) U_{Omin}

图 6.61 直流稳压电源输出电压的调节范围

第7章 Multisim 在数字电子技术中的应用

数字电子电路和模拟电子电路具有截然不同的特点和分析方法,数字电路所采用的分析工具是逻辑代数,表达电路的功能主要用功能表、真值表、逻辑表达式及波形图。因此,采用 Multisim 软件可以很直观地观察到数字电路的特点,从而为理解数字电路、学好数字电子技术提供帮助。

7.1 逻辑转换

在组合逻辑电路分析和设计中,经常需要实现真值表、逻辑函数表达式以及逻辑电路之间的转换。用逻辑转换仪可以方便地进行逻辑函数的各种转换,尤其适用于五变量以上的逻辑函数。

7.1.1 实验目的

(1) 能正确地使用逻辑转换仪。
(2) 学会逻辑关系各种表示方法之间的转换。

7.1.2 实验内容

在组合逻辑电路分析与设计中,经常需要实现真值表、逻辑函数表达式以及逻辑电路之间的转换,用卡诺图化简很不方便,而在逻辑转换仪中,只需要输入逻辑函数真值表即可得到其最小项表达式、最简表达式和逻辑电路。

1. 根据逻辑表达式求真值表

试根据逻辑表达式 $F = \overline{AB} + \overline{BC} + \overline{AC}$ 求出真值表。

从仪器按钮中拖出逻辑转换仪,再用鼠标左键双击它,出现的面板如图 7.1 所示。在 Multisim 中,变量 A 的反变量用 A' 表示,所以在逻辑转换仪最底部的一行空位置中,应输入逻辑表达式 $F = AB' + BC' + A'C$。然后按下"表达式到真值表"的按钮 $\boxed{A|B \quad \rightarrow \quad 1|0|1}$,即可得出相应的真值表,结果如图 7.2 所示。

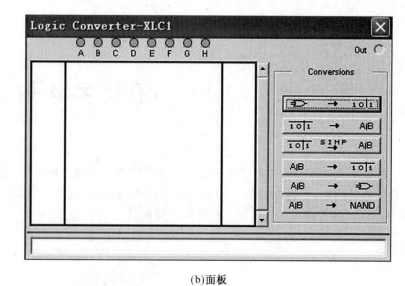

(a)图标　　　　　　　　　　　　　　　　　　(b)面板

图 7.1　逻辑转换仪及其面板

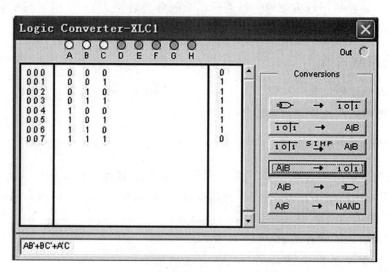

图 7.2　表达式到真值表的转换

2.根据逻辑关系表达式求逻辑电路图

根据逻辑表达式 $F = AB + \overline{AB} + C$ 求逻辑电路图。

从仪器按钮中拖出逻辑转换仪,在面板最底部的一行空位置中,输入该逻辑关系表达式,然后按下"表达式到电路图"的按钮 A|B → ⊃ ,即可得出相应的逻辑电路图,如图 7.3、7.4 所示。

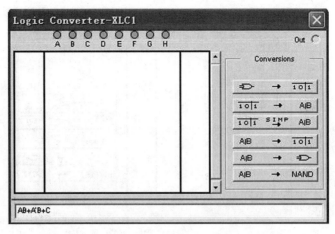

图 7.3　逻辑转换仪的面板图及表达式的输入

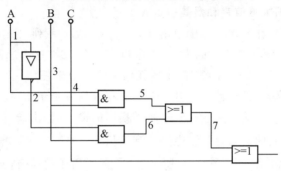

图 7.4　表达式到电路图的转换

3.化简逻辑表达式

化简逻辑关系表达式 $F = \overline{AC + \overline{ABC} + \overline{BC} + AB\,\overline{C}}$。

从仪器按钮中拖出逻辑转换仪,因为面板图中没有化简逻辑表达式的直接方式,所以需要先将表达式转换成真值表 ，然后再按下"真值表到最简表达式"的按钮 ，这样即可得到化简后的表达式,转换过程及结果如图 7.5 和 7.6 所示。

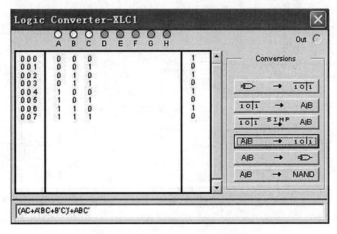

图 7.5　表达式到真值表的转换

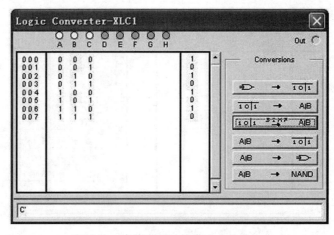

图 7.6　真值表到最简表达式的转换

4.根据逻辑电路图求真值表和最简表达式

　　首先创建逻辑电路,在元器件库中单击 TTL,再单击 74 系列,选中与门芯片 7408N,单击 OK 确认。这时会出现图 7.7 所示的窗口,该窗口表示 7408N 这个芯片里有四个功能完全相同的与门,可以选用 A、B、C、D 四个与门中的任何一个。单击任何一个即可选定一个与门,若不用时单击 Cancel。同理,选中或门芯片 7432N。在仪器库中单击逻辑转换仪,拖到空白处。将该逻辑电路的输入、输出端分别连接到逻辑转换器的输入、输出端,如图 7.8 所示,然后双击逻辑转换器,当出现控制面板后,按下"电路图到真值表"的按钮 ![按钮图标],即可得出该电路的真值表,如图 7.9 所示,再按下"真值表到最简表达式"的按钮 ![按钮图标],得到的就是所求的最简表达式,结果如图 7.10 所示。

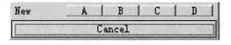

图 7.7　芯片窗口

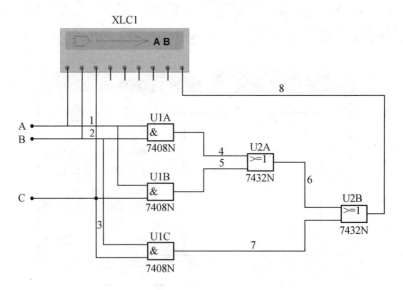

图 7.8　逻辑电路图

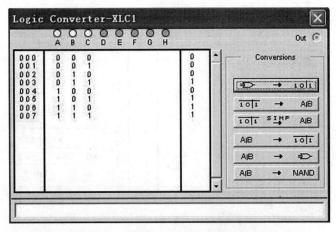

图 7.9　逻辑电路到真值表的转换

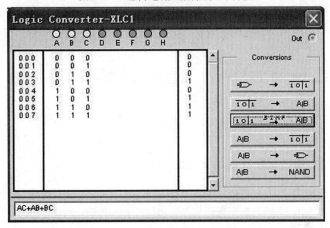

图 7.10　真值表到最简表达式的转换

5. 含无关项的逻辑表达式化简

化简含无关项的逻辑关系表达式

$$F = \sum m(2,4,6,8) + \sum d(0,1,13)$$

从仪器按钮中拖出逻辑转换仪,因为该表达式中最大的项数为 13,所以应该从逻辑转换仪面板顶部选择四个输入端(A、B、C、D),此时真值表区会自动出现输入信号的所有组合,而右边输出列的初始值全部为零,根据逻辑表达式改变真值表的输出值(1、0 或 X),得到的真值表如图 7.11 所示。

按下"真值表到最简表达式"的按钮 $\boxed{\text{1 0 1 }\overset{SIMP}{\rightarrow}\text{ A|B}}$,相应的逻辑表达式就会出现在逻辑转换仪底部的逻辑表达式栏内。这样就得到了该式的最简表达式

$$F = \overline{A}D + \overline{B}\,C\overline{D} 。$$

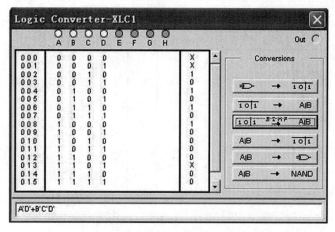

图 7.11　真值表到最简表达式的转换

7.2　门电路逻辑功能测试

集成逻辑门有许多种,常用的有与门、或门、非门和与非门等。

7.2.1　实验目的

(1)掌握门电路的测试方法;
(2)加深各种门电路的逻辑功能的记忆。

7.2.2　实验内容

1.测试与门的逻辑功能

测试电路如图7.12所示,测试时,打开仿真开关,输入高电平用＋5 V电源提供,输入低电平用数字地提供,高低电平的切换用开关完成,输出信号用逻辑探针测试,输出高电平时探针发光。将测试结果填入表7.1。

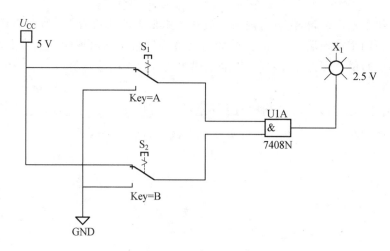

图 7.12　与门逻辑功能的测试电路

表 7.1　与门逻辑功能的测试结果

输入 A	输入 B	输出 F
0	0	
0	1	
1	0	
1	1	

2.测试或门的逻辑功能

测试电路如图 7.13 所示,测试过程同与门测试,将测试结果填入表 7.2。

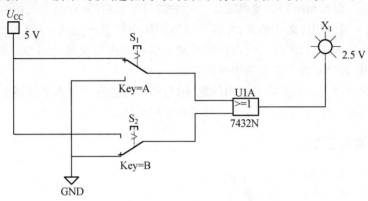

图 7.13　或门逻辑功能的测试电路

表 7.2　或门逻辑功能的测试结果

输入 A	输入 B	输出 F
0	0	
0	1	
1	0	
1	1	

3.测试非门的逻辑功能

测试电路如图 7.14 所示,将测试结果填入表 7.3。

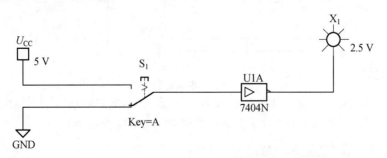

图 7.14　非门逻辑功能的测试电路

表7.3　非门逻辑功能的测试结果

输入	输出
0	
1	

7.3　组合逻辑电路

组合电路的分析是根据所给的逻辑电路,写出其输入与输出之间的逻辑关系(逻辑函数表达式或真值表),从而指出电路的逻辑功能。一般的流程是:首先对给定的逻辑电路,按逻辑门的连接方法,逐一写出相应的逻辑表达式,然后写出输出函数表达式,这样写出的逻辑函数表达式可能不是最简的,所以还应该利用代数法或卡诺图法进行化简。再根据逻辑函数表达式写出它的真值表,最后根据真值表指出逻辑功能。

组合电路的设计是根据实际的逻辑问题,通过写出它的真值表和逻辑函数表达式,找到实现这个逻辑电路的器件,将它们组合在一起实现逻辑功能。

7.3.1　实验目的

(1) 掌握组合逻辑电路的分析和设计方法。
(2) 学会用门电路实现逻辑函数。
(3) 学会使用常用中规模集成器件实现逻辑功能。

7.3.2　实验内容

1.组合逻辑电路的分析

分析如图7.15所示电路的逻辑功能。

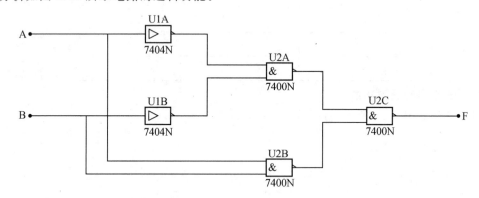

图7.15　组合逻辑电路

将电路的输入端A、B接到逻辑转换仪的A、B输入端,电路的输出端F接到逻辑转换器的Out输出端,如图7.16所示,然后双击逻辑转换仪,当出现控制面板后,按下"电路图到真值表"的按钮 ,即可得出该电路的真值表,如图7.17所示,再按下"真值表到最简表达式"的按钮 ,得到的就是所求的最简表达式,结果如图7.18所示,逻辑电路的表达式为 $F = \overline{A}\overline{B} + AB$,即该电路实现的是同或逻辑关系。

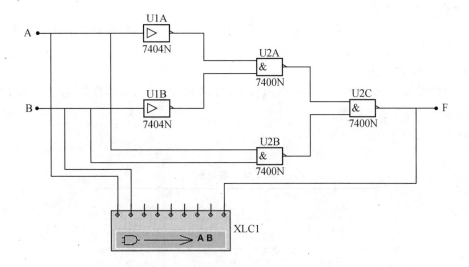

图 7.16　逻辑电路与逻辑转换器的连接

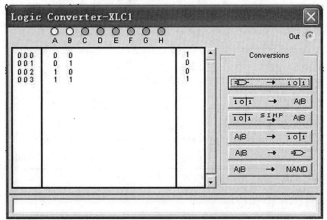

图 7.17　逻辑转换器的测量结果

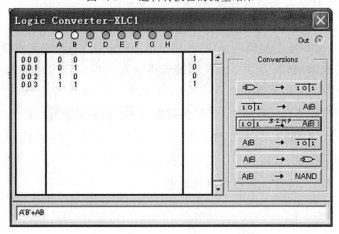

图 7.18　用逻辑转换器求最简式

2.组合逻辑电路的设计

设有 A、B、C 三台电机,它们正常工作时只有一台电机运行,如果不满足这个条件,就发出报警信号,试设计该报警电路。

[方法一] 常规方法

(1)假设输入 A、B、C 等于"1",表示电机运行,等于"0",表示电机停转;输出 F 等于"1",表示报警,等于"0",表示不报警。

(2)根据题意列真值表,见表 7.4。

表 7.4   真值表

A	B	C	F
0	0	0	1
0	0	1	0
0	1	0	0
0	1	1	1
1	0	0	0
1	0	1	1
1	1	0	1
1	1	1	1

(3)根据真值表写表达式并化简。

$$F = \overline{A}\,\overline{B}\,\overline{C} + \overline{A}BC + A\,\overline{B}C + AB\,\overline{C} + ABC = \overline{A}\,\overline{B}\,\overline{C} + AC + AB + BC$$

(4)根据逻辑表达式画逻辑电路图,图略。

[方法二] 用 Multisim 软件的逻辑转换仪完成设计

首先,从仪器按钮中拖出逻辑转换仪,再用鼠标左键双击它,在其面板图上,从逻辑转换仪的顶部选择需要的输入端(A、B、C),此时真值表区会自动出现输入信号的所有组合,而右边输出列的初始值全部为零。根据设计要求,改变真值表的输出值(1、0 或 X),可得到真值表如图 7.19 所示。按下"真值表到最简表达式"的按钮 ![按钮] ,相应的逻辑表达式就会出现在逻辑转换仪底部的逻辑表达式栏内。 然后,按下"表达式到电路图"的按钮 ![按钮] ,就得到了所要设计的电路,如图 7.20 所示。最后,若需要可在输入端接上切换开关,在输出端接上指示灯或蜂鸣器。

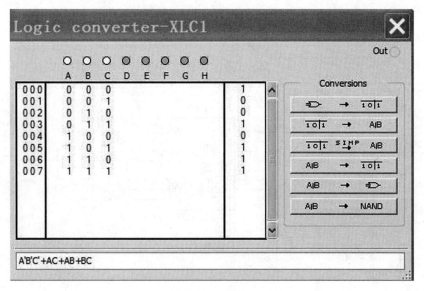

图 7.19　真值表

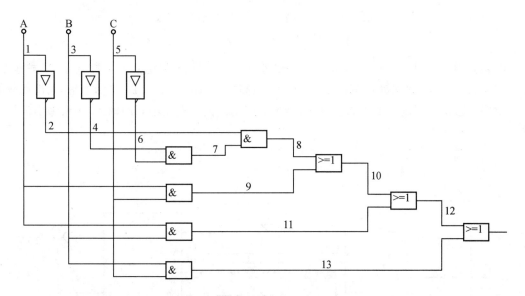

图 7.20　由逻辑转换仪自动生成的电路图

3. 用 3 线 — 8 线译码器 74LS138 实现逻辑函数

试用译码器 74LS138 实现逻辑函数

$$F(A,B,C) = \sum m(3,5,6,7)$$

建立如图 7.21 所示的电路,由 A、B、C 三线提供输入信号,分别通过开关接到＋5 V 或地端,控制端 G2A、G2B 接低电平,G1 接高电平,输出信号的状态由探针监视。打开仿真开关,用键盘上的 A、B、C 三个按键控制开关来提供不同的输入,观察输出信号与输入信号的对应关系。

4. 用数据选择器实现逻辑函数

试用八选一数据选择器 74LS151 实现逻辑函数

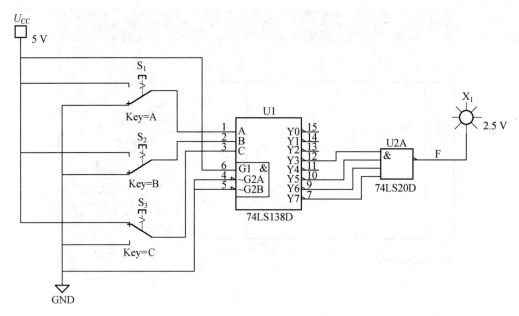

图 7.21　用译码器 74LS138 实现逻辑函数

$$F(A,B,C) = \sum m(0,2,3,5)$$

　　电路如图 7.22 所示,由 A、B、C 三线提供地址输入信号,分别通过开关接到 +5V 或地端,控制端 G 接低电平,数据输入端 D_0、D_2、D_3、D_5 接高电平,D_1、D_4、D_6、D_7 接低电平,输出信号的状态由探针监视。用键盘上的 A、B、C 三个按键控制开关来提供不同的输入,观察输出信号与输入信号的对应关系。

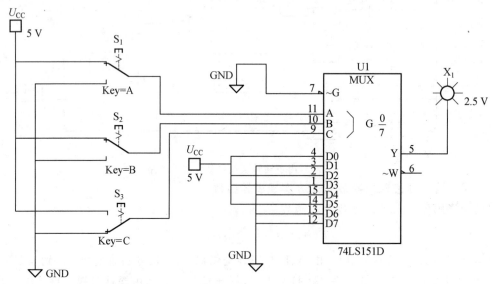

图 7.22　用数据选择器 74151 实现函数的电路

5. 七段显示译码器 74LS47 的逻辑功能

　　建立如图 7.23 所示电路,输入信号的四位二进制代码由字符发生器产生,输出信号接到七段显示译码器上,为了便于观察,按照使用要求,七段译码器 74LS47 工作时应使 $LT =$

$BI/RBO = RBI = 1$。

　　打开仿真开关,双击字符发生器,出现图 7.24 所示的控制面板图,单击 Set... 按钮,如图 7.25 所示,在 Settings 对话框中,选择递增编码方式(Up counter),然后单击 OK 按钮。之后,不断单击字符发生器面板上的单步输出按钮(Step),观察七段显示译码器显示的十六进制数与输入代码的对应关系。

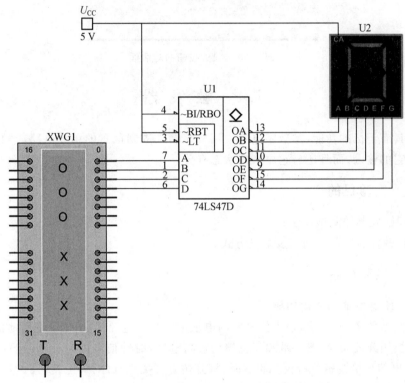

图 7.23　七段译码器 74LS47 逻辑功能的测试电路

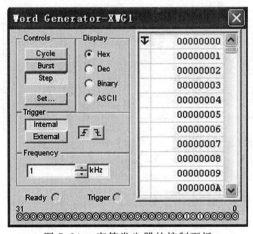

图 7.24　字符发生器的控制面板

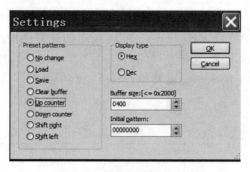

图 7.25　设置按钮的对话框

7.4　触　发　器

触发器具有记忆的功能,是数字电路中用来存储二进制信息的单元电路。触发器的输出不但取决于它的输入,而且还与它原来的状态有关。

7.4.1　实验目的

(1)掌握触发器的测试方法;
(2)掌握触发器的逻辑功能及触发方式。

7.4.2　实验内容

1.测试 JK 触发器的逻辑功能

测试电路如图 7.26 所示,输入信号的高电平用＋5 V 电源提供,低电平用地信号提供,高低电平的转换用开关切换,置位端和复位端均接高电平,时钟信号由时钟脉冲源提供,频率设为1 kHz,输出信号接逻辑分析仪。测试时,打开仿真开关,测试结果见表7.5。$J=K=1$ 时的输出波形与时钟脉冲波形如图 7.27 所示。

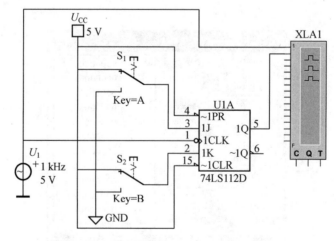

图 7.26　JK 触发器逻辑功能的测试电路

表 7.5　JK 触发器的功能表

J	K	Q
0	0	保持
0	1	0
1	0	1
1	1	翻转

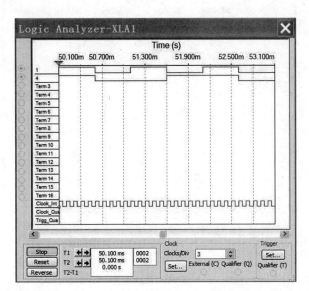

图 7.27　$J = K = 1$ 时的输出波形与时钟波形

2. 测试 D 触发器的逻辑功能

测试电路如图 7.28 所示,输入信号的高电平用＋5 V 电源提供,低电平用地信号提供,高低电平的转换用开关切换,置位端和复位端均接高电平,时钟信号由时钟脉冲源提供,频率设为 1 kHz,输出信号接逻辑分析仪。打开仿真开关,测试结果见表 7.6。$D＝1$ 时的输出波形与时钟脉冲波形如图 7.29 所示。

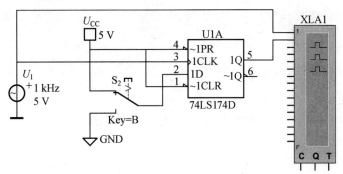

图 7.28　D 触发器逻辑功能的测试电路

表7.6　D 触发器的功能表

D	Q
0	0
1	1

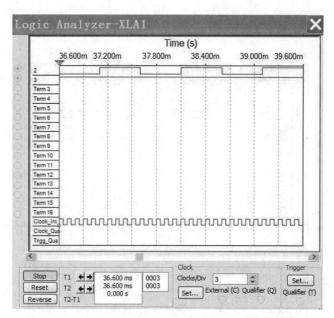

图 7.29　$D=1$ 时的输出波形与时钟波形

7.5　中规模计数器

　　计数是一种最简单、最基本的逻辑运算,计数器的种类很多,按计数器状态的转换是否受同一时钟控制,可将其分为同步计数器和异步计数器;按计数过程中计数器的数值是递增还是递减,又可以将其分为加法计数器、减法计数器和加/减计数器（又称为可逆计数器）;按计数器的计数进制还可以将其分为二进制计数器、十进制计数器和任意进制计数器等。

7.5.1　实验目的

（1）掌握计数器的分析方法;
（2）学会用触发器构成计数器;
（3）学会用常用中规模集成电路构成任意进制的计数器。

7.5.2　实验内容

1.同步计数器的分析

　　分析如图 7.30 所示同步计数器电路的逻辑功能。在电路的输出端,同时将时钟信号及各触发器的输出端接到逻辑分析仪的输入端用以显示波形。打开仿真开关,计数器开始计数。双击逻辑分析仪,即可观察到时钟脉冲及各触发器的输出波形,时钟波形和两个触发器输出端波形如图 7.31 所示。由波形可知,该电路是同步三进制计数器。

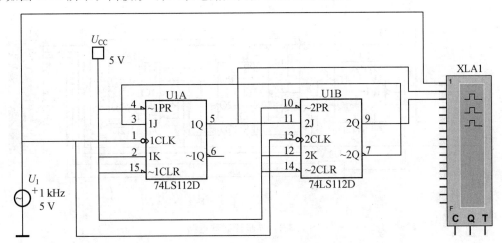

图 7.30　同步计数器电路

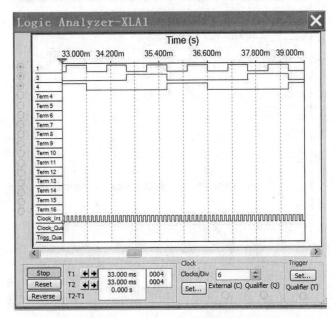

图 7.31　同步计数器的时序图

2. 异步计数器的分析

分析图 7.32 所示计数器电路的逻辑功能。在电路的输出端,同时将时钟信号及各触发器输出端接到逻辑分析仪用以显示波形。打开仿真开关,计数器开始计数。双击逻辑分析仪,即可观察到时钟脉冲及各触发器的输出波形,如图 7.33 所示。由图中波形可知,该电路是异步五进制加法计数器。

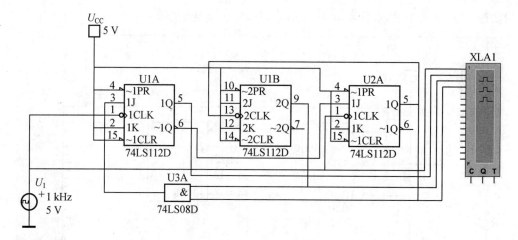

图 7.32 异步计数器电路

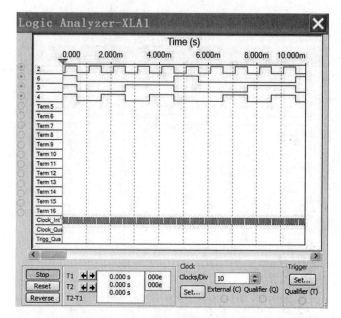

图 7.33   异步计数器的时序图

3.用同步十进制加法计数器 74LS160 构成六进制计数器

采用置数法构成六进制计数器,电路如图 7.34 所示。令 $ENP = ENT = CLR = 1$,时钟脉冲 CLK 由时钟信号源提供,设其频率为 1 kHz,同步置数端 $LOAD$ 接 QA、QC 的与非输出,输出端 QD、QC、QB、QA 接逻辑分析仪用以观察时序波形,波形如图 7.35 所示。

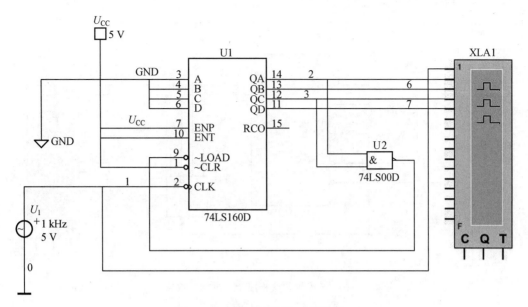

图 7.34   同步六进制加法计数器

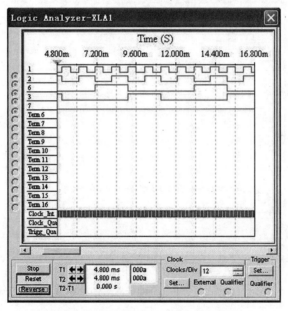

图 7.35   六进制计数器的时序图

4. 用四位同步二进制加法计数器 74LS163 构成十二进制计数器

[方法一] 置数法

电路如图 7.36 所示,令 $ENP = ENT = CLR = 1$,时钟脉冲 CLR 由时钟信号源提供,设其
频率为 1 kHz,置数端 $LOAD$ 由进位信号 RCO 通过非门给出执行指令,输出端 QD、QC、QB、
QA 接逻辑分析仪用以观察时序波形,波形如图 7.37 所示。

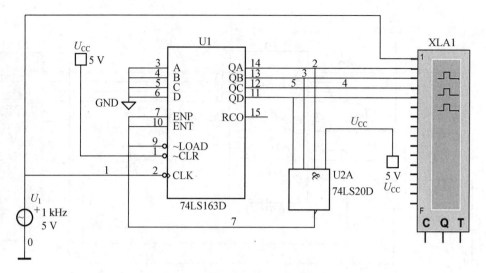

图 7.36　置数法构成十二进制计数器

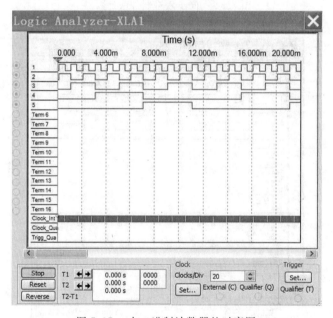

图 7.37　十二进制计数器的时序图

[方法二] 清零法

电路如图 7.38 所示,令 $ENP = ENT = LOAD = 1$,时钟脉冲 CLK 由时钟信号源提供,设其频率为 1 kHz,同步清零端 CLR 接 QA、QB、QD 的与非输出,输出端 QD、QC、QB、QA 接逻辑分析仪用以观察时序波形,波形如图 7.39 所示。

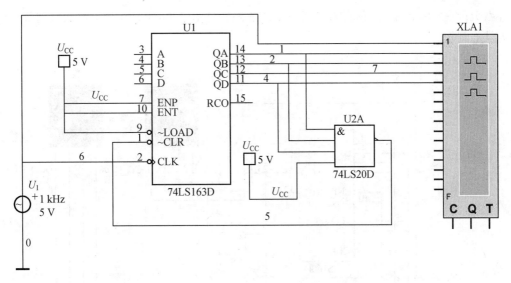

图 7.38　清零法构成十二进制计数器

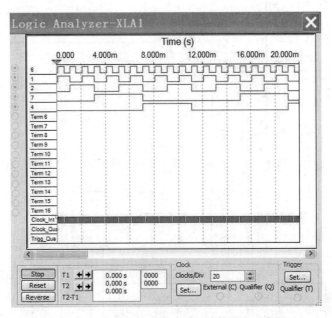

图 7.39　清零法构成十二进制计数器的时序图

5. 用两片同步十进制计数器 74LS160 构成八十三进制计数器

实现模 83 计数器,需用两片 74LS160,电路如图 7.40 所示,令低位片 U2 的 $ENP=ENT=CLR1=1$,高位片 U1 的 ENP、ENT 由 U2 的 RCO 进位信号发指令,$CLR2=1$,两时钟脉冲 CLK 均由时钟信号源提供,设其频率为 1 kHz,同步置数端 LOAD 均接低位片 QB 和高位片 QD 的与非门输出,两片 74LS160 的输出端 QD、QC、QB、QA 分别接两个自带译码器的数码管显示。

6. 用 74LS90 构成千进制计数器

三片 74LS90 级联,通过采用清零法可以实现千进制计数器。电路如图 7.41 所示。该图

的计数范围是 $0 \sim 999$。采用自带译码驱动的数码管显示结果,所显示的数码高位到低位的方向为从右到左。

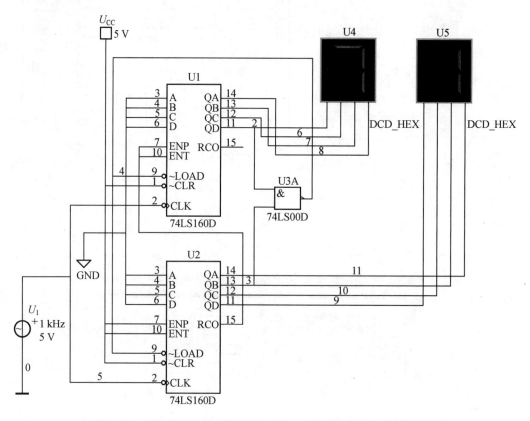

图 7.40　两片同步十进制计数器 74LS160 构成的八十三进制计数器

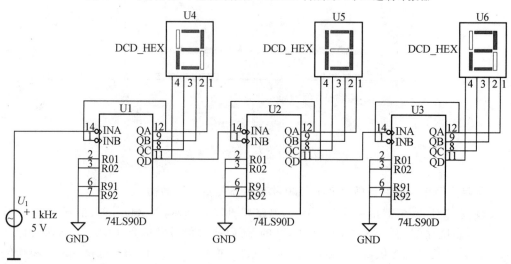

图 7.41　三片异步十进制计数器 74LS90 构成的千进制计数器

7.6 555 定时器及应用

555 定时器是一种常见的模拟数混合集成电路,只要适当配接少量的元件,即可构成多谐振荡器、单稳态触发等脉冲产生和变换电路。

7.6.1 实验目的

1. 熟悉 555 定时器的基本工作原理及其功能。

2. 掌握用 555 定时器构成多谐振荡器。

7.6.2 实验内容

用 555 定时器设计一个多谐振荡器,并计算振荡器的频率和占空比。

电路如图 7.42 所示,其中 R_1 和 R_2 为外接定时电阻,C_2 是外接定时电容。将定时电容上的电压信号和输出信号接示波器。启动仿真开关,可得波形如图 7.43 所示。矩形波为 3 端的输出信号。

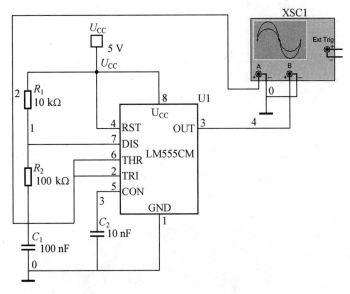

图 7.42 用 555 定时器构成的多谐振荡器

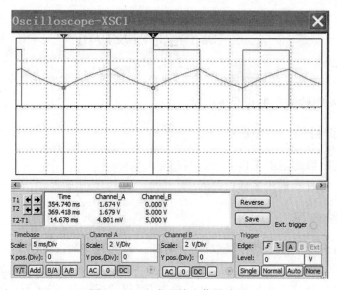

图 7.43　电容和输出信号波形

振荡器的周期:14.678 ms

振荡频率:68.13 Hz

脉冲波形的占空比:

$$q = \frac{R_A + R_B}{R_A + 2R_B} = \frac{10\ \Omega + 100\ \Omega}{10\ \Omega + 2 \times 100\ \Omega} = 52\%$$

第8章 Multisim 在电子技术课程设计中的应用

8.1 环形计数器

4 位环形计数器由集成移位寄存器 74LS194 构成,电路如图 8.1 所示。为了使计数器能够自启动,引入反馈 $SR = \overline{Q_C}\ \overline{Q_B}\ \overline{Q_A}$。四位环形计数器的状态变化规律均为 1000、0100、0010、0001,然后再返回 1000 循环。

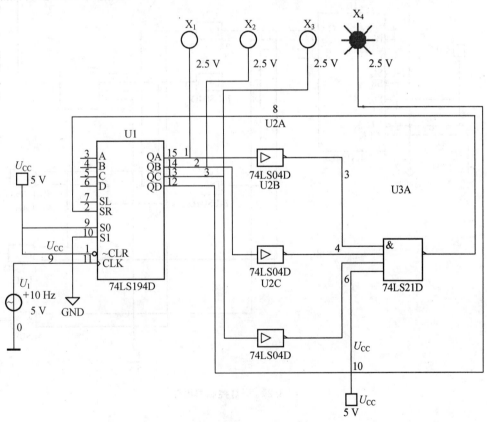

图 8.1　由移位寄存器芯片 74LS194 构成的四位环形计数器

将上述环形计数器电路稍加修改,即令红灯信号 $R = \overline{Q_B}\ \overline{Q_A}$,绿灯信号 $G = \overline{Q_B}Q_A$,蓝灯信号 $B = Q_B\ \overline{Q_A}$,就可成为一个彩灯控制器(红绿蓝三色灯像流水一样点亮),电路如图 8.2 所示。

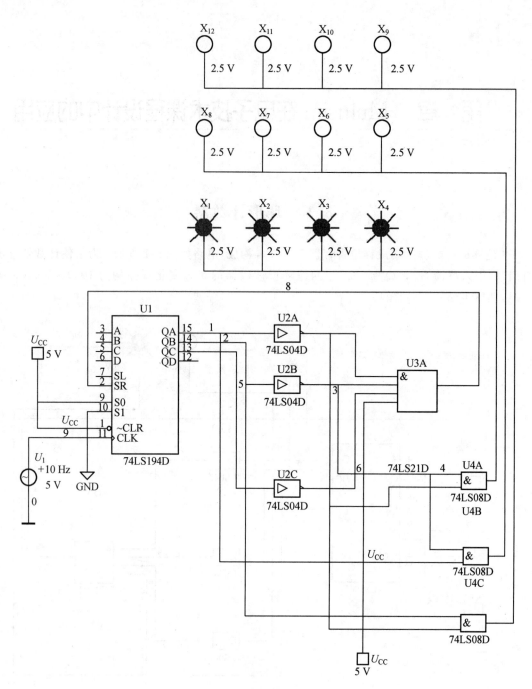

图 8.2　彩灯控制器电路

8.2　顺序脉冲发生器

用集成计数器 74LS163 和 3 线－8 线译码器 74LS138 构成 8 位顺序脉冲发生器,电路如图 8.3 所示。计数器的输出端 QC、QB、QA 分别接译码器的地址输入端 C、B、A,时钟脉冲 CLK 由时钟信号源提供,设其频率为 600 Hz,译码器的输出端接逻辑分析仪,用以观察产生的顺序脉冲,脉冲波形如图8.4所示。

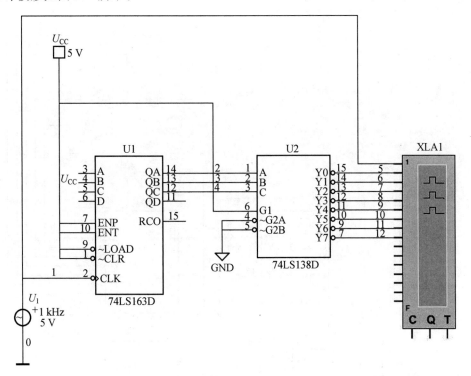

图 8.3　顺序脉冲发生器

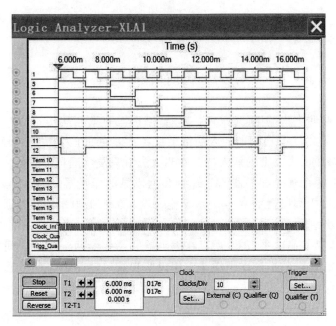

图 8.4　顺序脉冲发生器的时序图

将上述顺序脉冲发生器的输出信号 Y0 ～ Y7 分别接到红、绿、蓝三色逻辑探针上,就可成为一个旋转的彩灯,电路如图 8.5 所示。

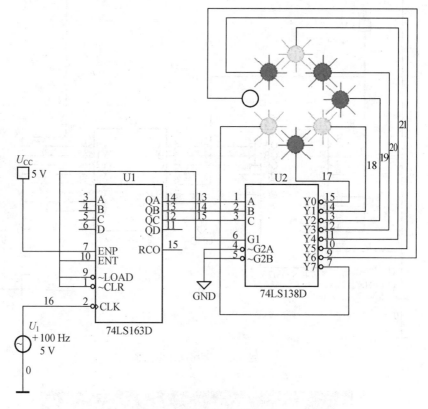

图 8.5　旋转彩灯电路

8.3　病房呼叫电路

设计一个病人呼叫大夫的电路,具体要求是:某医院有 8 间病房,各个房间按病人病情的严重程度不同进行分类,7 号房间的病人病情最重,0 号房间的病人病情最轻,呼叫时显示病人的房间号,而且两个或两个以上的病人同时呼叫大夫时只显示病情最重的病人的呼叫。

根据题目要求,采用优先编码器 74LS148 和七段显示译码器 74LS47 设计电路,如图 8.6 所示。电路的输入端为编码器的 0 ～ 7 八个输入端,其高、低电平的转换通过切换开关,当有信号输入时,编码器就根据优先编码器的原则输出相应的编码,由于编码器的输出为低电平有效,而译码器的输入又是高电平有效,所以在编码器和译码器两个芯片之间要加反相器,同时将红色逻辑探针接编码器的扩展输出端 GS,用以监视编码器是否有信号输入,红灯亮表示没有信号输入。

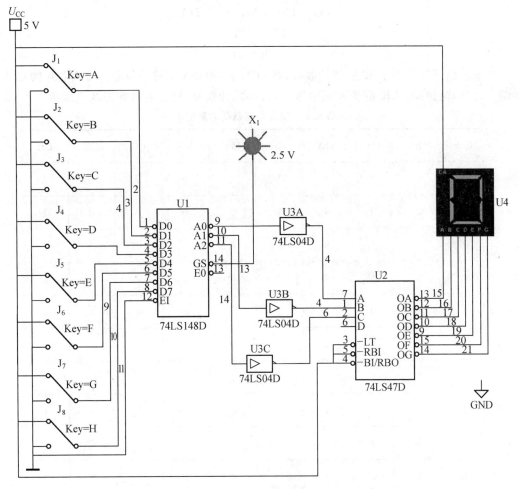

图 8.6　优先编码器和七段译码器组成的编码译码电路

8.4　交通灯控制器

试设计一个交通灯控制器,具体要求是:在一个十字路口,东西向为主要街道,南北向为次要街道,当主要街道绿灯亮 6 s 时,次要街道的红灯亮;接着主要街道黄灯亮 2 s,次要街道的红灯仍然亮;紧接着次要街道的绿灯亮 3 s,这时主要街道红灯亮;然后次要街道的黄灯亮 1 s,主要街道红灯依然亮;最后主要街道绿灯亮,次要街道变红灯,按此顺序循环控制。

根据题目要求可知,主要街道从绿灯亮到下一次绿灯亮共需 12 s,由此可列出这六个灯亮的真值表,见表 8.1,其中 MG、MY、MR、CG、CY、CR 分别表示主要街道的绿灯、黄灯、红灯,次要街道的绿灯、黄灯、红灯,由真值表可得到各灯的逻辑函数表达式,也可以由 Multisim 软件的逻辑转换仪直接获得,逻辑函数表达式如下:

$$MG = \overline{DC} + \overline{DB} = \overline{\overline{\overline{DC}}\ \overline{\overline{DB}}}$$

$$MY = CB$$

$$MR = D$$

$$CG = D\bar{B} + D\bar{A} = \overline{\overline{D\bar{B}}\ \overline{D\bar{A}}}$$
$$CY = DBA$$
$$CR = \bar{D}$$

12 s一循环就相当于12进制计数器,将 QD、QB 和 QA 通过一与非门接到芯片的 CLR 清零端。另外,时钟端 CLK 应输入频率为 1 Hz 的脉冲信号,设计电路如图 8.7 所示。

表 8.1　交通灯控制器的真值表

QD	QC	QB	QA	MG	MY	MR	CG	CY	CR
0	0	0	0	1	0	0	0	0	1
0	0	0	1	1	0	0	0	0	1
0	0	1	0	1	0	0	0	0	1
0	0	1	1	1	0	0	0	0	1
0	1	0	0	1	0	0	0	0	1
0	1	0	1	1	0	0	0	0	1
0	1	1	0	0	1	0	0	0	1
0	1	1	1	0	1	0	0	0	1
1	0	0	0	0	0	1	1	0	0
1	0	0	1	0	0	1	1	0	0
1	0	1	0	0	0	1	1	0	0
1	0	1	1	0	0	1	0	1	0
1	1	0	0	x	x	x	x	x	x
1	1	0	1	x	x	x	x	x	x
1	1	1	0	x	x	x	x	x	x
1	1	1	1	x	x	x	x	x	x

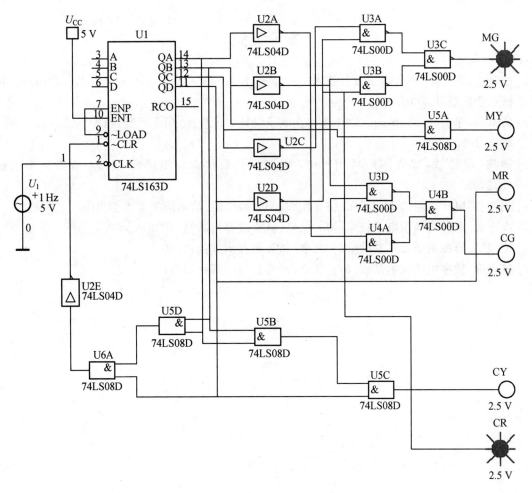

图 8.7　交通灯控制器的电路

参考文献

[1] 李良荣,罗伟雄.现代电子设计技术 —— 基于 Multisim 7 & Ultiboard 2001[M].北京:机械工业出版社,2004.

[2] 蒋卓勤,邓玉元.Multisim 2001 及其在电子设计中的应用[M].西安:西安电子科技大学出版社,2003.

[3] 熊伟,侯传教,梁青,等.Multisim 7 电路设计及仿真应用[M].北京:清华大学出版社,2005.

[4] 刘贵栋.电子电路的 Multisim 仿真实践[M].哈尔滨:哈尔滨工业大学出版社,2008.

[5] 高玉良.电路与模拟电子技术[M].北京:高等教育出版社,2008.

[6] 王淑娟.模拟电子技术基础[M].北京:高等教育出版社,2009.

[7] 杨春玲.数字电子技术基础[M].北京:高等教育出版社,2011.